L'ÉTHER

PRINCIPE UNIVERSEL DES FORCES

PAR

A. MARX,

INSPECTEUR GÉNÉRAL DES PONTS ET CHAUSSÉES EN RETRAITE,
OFFICIER DE LA LÉGION D'HONNEUR,

MÉMOIRES RÉSUMÉS PAR

C. BENOIT,

ANCIEN ÉLÈVE DE L'ÉCOLE POLYTECHNIQUE,
LICENCIÉ ÈS SCIENCES.

PARIS,
GAUTHIER-VILLARS, IMPRIMEUR-LIBRAIRE
DU BUREAU DES LONGITUDES, DE L'ÉCOLE POLYTECHNIQUE,
Quai des Grands-Augustins. 55.

1905

L'ÉTHER

PRINCIPE UNIVERSEL DES FORCES

DU MÊME AUTEUR.

L'Éther. — *Mémoires autographiés présentés à l'Institut par* M. MARX.

Premier Mémoire. — Gravitation universelle. Principes de la Chaleur et de la Lumière. 84 pages .... 5 fr.

Troisième Mémoire. — Électricité. 229 pages .... 10 fr.

Quatrième Mémoire. — Résumé analytique des Mémoires précédents. Constitution moléculaire. 131 pages .... 6 fr.

(Le deuxième Mémoire, spécial à la Lumière et à la Chaleur, se trouve compris dans le premier Mémoire).

L'ÉTHER

PRINCIPE UNIVERSEL DES FORCES

PAR

A. MARX,

INSPECTEUR GÉNÉRAL DES PONTS ET CHAUSSÉES EN RETRAITE,
OFFICIER DE LA LÉGION D'HONNEUR,

MÉMOIRES RÉSUMÉS PAR

C. BENOIT,

ANCIEN ÉLÈVE DE L'ÉCOLE POLYTECHNIQUE,
LICENCIÉ ÈS SCIENCES.

PARIS,
GAUTHIER-VILLARS, IMPRIMEUR-LIBRAIRE
DU BUREAU DES LONGITUDES, DE L'ÉCOLE POLYTECHNIQUE,
Quai des Grands-Augustins. 55.

1905

AVANT-PROPOS.

L'ensemble des travaux de M. Marx se compose de trois Mémoires principaux. Le premier est relatif à l'étude de l'Attraction universelle, le deuxième à l'Électricité et le troisième aux Actions moléculaires.

Ces Mémoires, dont un certain nombre d'exemplaires seront tenus à la disposition du public, devront nécessairement être consultés par toutes les personnes désireuses d'étudier dans tous leurs détails les théories présentées par M. Marx.

Cependant il convient de remarquer que les différentes parties du travail ayant été écrites à des époques assez éloignées les unes des autres, les idées de l'auteur se sont parfois légèrement modifiées entre deux publications successives; d'autre part, pendant ces intervalles, des conséquences nouvelles de sa théorie lui sont apparues, et il a jugé indispensable de les mettre en lumière. Dans ce but, il a dû placer soit en tête, soit à la fin de ses Mémoires proprement dits, des résumés parfois très complets de ses études, afin d'y introduire ses idées nouvelles et les développements qu'elles lui suggéraient sur certains points particuliers. Il en résulte que l'ensemble des Mémoires ne constitue pas un Ouvrage suivi et que, pour en faciliter la lecture, il convenait de les condenser en quelque sorte en un corps unique où chaque théorie fût autant que possible isolée de celle qui la précède comme de celle qui la suit.

C'est ce travail qu'a songé à entreprendre la famille de M. Marx, dans le but de donner à l'œuvre de celui-ci toute la publicité qu'elle paraît comporter, et c'est ainsi que nous avons été amené à présenter ci-après un résumé des Mémoires produits par M. Marx. Ce résumé est d'ailleurs presque exclusivement constitué par des extraits du Travail de M. Marx; notre rédaction n'intervient que dans quelques Notes et quelques phrases destinées soit à servir d'introduction à certaines études, soit à relier entre eux différents extraits.

Les deux premiers Mémoires furent soumis par M. Marx à l'examen d'une Commission nommée par l'Académie des Sciences de Paris, et cet examen donna lieu à un Rapport qui fut lu dans la séance du 21 mai 1900 et dont les conclusions furent adoptées par l'Académie. C'est ce Rapport qui se trouve reproduit *in extenso* ci-après.

C. B.

EXTRAIT

DES

COMPTES RENDUS DE L'ACADÉMIE DES SCIENCES

(Tome CXXX, pages 1372-1374).

PHYSIQUE. — *Rapport sur une suite de travaux présentés par M. Marx.*

(Commissaires : MM. Boussinesq, Cornu, Poincaré, Sarrau; de Lapparent, rapporteur.)

« M. Marx, Inspecteur général des Ponts et Chaussées en retraite, a soumis au jugement de l'Académie une suite de Mémoires dans lesquels il a poursuivi l'application, aux divers chapitres de la Physique, d'une théorie de l'éther, envisagé comme le principe universel des forces.

» Le point de départ de ce système est inspiré de l'hypothèse de Fresnel, pour qui chaque atome pondérable était entouré d'une atmosphère d'éther condensé.

» M. Marx transforme cet énoncé en admettant qu'au sein de l'éther, se comportant comme un gaz parfait, l'atome pondérable, analogue au centre d'une sphère électrisée négativement, constitue un centre de dépression en équilibre de tension avec le milieu ambiant.

» De la sorte, la matière sensible aurait la faculté d'enlever au milieu général de l'éther une certaine quantité d'énergie servant à alimenter ses propres vibrations. Celles-ci, à leur tour, feraient naître dans le milieu ambiant des ondulations sphériques.

» Pour M. Marx, l'atome étant infiniment petit, les ondulations qu'il engendre se développent de façon uniforme et se propagent longitudinalement dans toute l'étendue de l'éther. De deux atomes en présence, chacun, noyé dans la gerbe dépressive émanée de l'autre, est poussé vers son voisin tout comme si les deux atomes s'attiraient mutuellement, en raison directe de l'intensité des actions dépressives et en raison inverse du carré des distances.

» Ainsi la gravitation universelle apparaît comme une conséquence immédiate de la notion du centre de dépression.

» Quant à la molécule des corps ou éléments chimiques, l'auteur y voit un agrégat d'atomes, dont chacun influe sur l'état de dépression de l'atmosphère éthérique propre à la molécule. Celle-ci devient de la sorte un centre d'action complexe, dont la modalité formerait le facteur principal de la constitution des corps pondérables.

» L'éther serait donc à la fois l'agent universel de propagation des énergies émises par les centres actifs et le réservoir général où viendraient rentrer, sous des modalités diverses, les énergies issues de ce milieu, toujours prêtes à prendre part à la manifestation des phénomènes de tout ordre qui, dans le monde de la matière, constituent le mouvement et la vie.

» Après ces préliminaires, M. Marx entre dans des considérations, que nous ne pouvons développer ici, sur la différence de propagation des ondulations gravifiques ou longitudinales, et de celles auxquelles il attribue les phénomènes électriques et optiques. Il regarde celles-ci comme hélicoïdales et croit pouvoir indiquer, dans leur constitution, des particularités qui rendraient compte de la polarisation ainsi que de la formation des rayons X.

» Appliquant son système à l'Électrostatique, l'auteur constate que le voisinage des centres actifs en vibration doit mettre l'éther dans un état de tension qui en fait un véritable diélectrique. Il croit trouver dans la même analyse l'explication du courant de retour de Maxwell, ainsi que celle de l'augmentation de volume de la bouteille de Leyde en charge.

» En Électrodynamique, l'auteur explique la formation du courant de la pile, dans le fil conducteur, par des vibrations dynamiques issues du pôle de plus forte tension, et faisant naître dans le fil des ondulations impulsives qui se traduisent par une élévation de température. D'ailleurs, en vertu de l'incompressibilité que, dans les limites des expériences, l'éther paraît devoir offrir sur toute l'étendue du fil, cette chute de potentiel reproduirait naturellement les circonstances habituelles de l'Hydrodynamique.

» Ce n'est pas ici le lieu de suivre M. Marx dans les applications toujours ingénieuses qu'il a faites de son système aux phénomènes d'induction comme à ceux des courants à courte période. Il suffira de constater que l'auteur n'a rencontré, parmi les faits connus, rien qui lui semblât rebelle à sa doctrine. Si l'on ne peut pas dire qu'il ait réussi à mettre sa théorie sous la forme analytique qui seule permettra d'en juger définitivement la valeur, du moins est-il juste de reconnaître que cette synthèse, où se manifeste l'effort d'établir un enchaînement logique qui ramène tout à une simple question d'énergétique, offre, comme mode d'exposition scientifique, de réels avantages.

» La représentation des phénomènes y demeure concrète. L'éther n'y est pas doté de propriétés qu'on puisse dire inconciliables. En même temps, la notion de forces agissant à distance est partout remplacée par des conceptions qui ne soulèvent pas d'objections philosophiques.

» En résumé, c'est l'œuvre d'un penseur en même temps que d'un homme de science très versé dans les choses de la Physique, et, si nous devons faire des réserves sur quelques points, nous ne pouvons qu'encourager l'auteur à poursuivre ses études avec l'espoir qu'il lui sera possible de préciser ses conceptions fondamentales au point de les rendre saisissables par l'Analyse mathématique.

» C'est dans ce but que votre Commission vous propose l'impression du présent Rapport dans les *Comptes rendus*. »

Les conclusions du Rapport sont mises aux voix et adoptées.

(Séance de l'Académie des Sciences du 21 mai 1900.)

OBSERVATION.

Le Rapport qui précède est relatif seulement aux deux premières parties du travail de M. Marx, savoir l'Attraction universelle et l'Électricité.

Pour répondre aux observations contenues dans ce Rapport et en vue de donner satisfaction à la demande de la Commission, M. Marx a placé en tête de son troisième travail, celui qui traite de la Constitution moléculaire, un résumé de ses deux premiers Mémoires dans lequel il s'est attaché à mettre sous une forme analytique et saisissable par le calcul les conceptions fondamentales de la théorie. Certains passages de ce résumé ont été intercalés dans le travail actuellement présenté. Enfin, dans son Mémoire *Sur les actions moléculaires,* lequel est donné ci-après *in extenso,* M. Marx, poursuivant ses études, conformément au désidératum exprimé dans la conclusion du Rapport qui précède, a fait application des données premières de sa théorie, formulées d'une manière analytique, à l'étude de la constitution des corps pondérables. Cette application lui a servi de base à l'analyse de l'état d'équilibre des gaz et des liquides et à la détermination des lois qui président à leur changement d'état dans toutes les conditions de température et de pression.

L'ÉTHER

PRINCIPE UNIVERSEL DES FORCES.

LIVRE I.

MÉMOIRE DE M. MARX
RELATIF A L'ATTRACTION UNIVERSELLE.

I. — LOI DE NEWTON.

La loi de l'attraction universelle, telle qu'elle a été établie par Newton, peut se formuler comme suit :

La gravité s'exerce directement entre les éléments premiers des corps et de telle sorte que, sous son action, deux molécules en présence tendent à s'avancer l'une vers l'autre comme si elles s'attiraient mutuellement en raison directe du produit de leurs masses et en raison inverse du carré de leurs distances.

L'assimilation de la gravité à une force émanant d'un centre et agissant dans les conditions précédemment définies est, comme on l'a vu, une déduction mathématique des lois de Képler et s'impose dès lors, en dehors de toute hypothèse sur la nature et le mode d'action de la force, avec le caractère d'autorité des faits d'observation, qui ont servi de base aux lois mêmes de Képler. Les développements donnés par Newton au Livre III de son immortel traité des *Principia*, sur les mouvements des corps soumis à l'action gravifique, sont une première application de l'analyse détaillée des forces centripètes ou forces centrales, comprise dans la première partie de l'Ouvrage et dont toutes les données résultent de déductions mathématiques des lois générales du mouvement. Newton insiste à diverses reprises sur le caractère mathématique que revêt la loi qu'il propose.

« Je me sers indifféremment, dit-il, des mots d'impulsion, d'attraction ou de propension quelconque vers un centre : car je considère les forces mathématiquement et non physiquement; aussi le lecteur doit-il bien se garder de croire que j'aie voulu désigner par ces mots une espèce d'action, de cause ou de raison physique, et, lorsque je dis que les centres attirent, il ne doit pas penser que j'aie voulu attribuer aucune force réelle à ces centres, que je considère comme des points mathématiques. »

On sait, par les extraits de sa troisième lettre à Bentley, reproduits récemment dans divers Ouvrages et articles scientifiques, que Newton rejetait, dans les termes les plus explicites, toute hypothèse d'actions à distance entre les corps matériels, sans l'interposition d'un milieu général agissant par contact. Mais nous pouvons trouver, dans le texte même du traité des *Principia,* des déclarations qui nous feront entrer plus avant dans la pensée intime de Newton, notamment en ce qui concerne l'origine ou le point de départ non seulement de l'action gravifique, mais de toutes les forces de la nature. Ces déclarations nous paraissent d'un intérêt d'autant plus marqué, en tête des études dans lesquelles nous allons entrer, qu'elles s'accordent davantage avec les tendances actuelles de la Science, notamment en ce qui concerne le rôle à attribuer au milieu général de l'éther dans la manifestation des phénomènes de la lumière, de la chaleur et de l'électricité. Suivant les prévisions de Newton, le principe universel des forces de la nature résiderait dans un milieu ou esprit subtil répandu dans l'Univers entier, pénétrant tous les corps jusque dans leurs éléments les plus intimes et agissant d'une manière continue, en vertu de son élasticité propre et suivant des lois résultant de ces propriétés essentielles.

« J'ai expliqué, dit-il dans une scholie générale qui clôt son traité, les phénomènes célestes et ceux de la Lune, par la force de la gravitation, sans assigner nulle part la cause et le principe de cette force. La gravitation provient de quelque cause qui pénètre jusqu'au centre du Soleil et des Planètes, sans rien perdre de son activité. Elle n'agit pas suivant la grandeur des superficies (comme les causes mécaniques), mais selon la quantité de matière. Son action s'étend de toutes parts à des distances immenses, en décroissant toujours suivant la raison des distances....

» Ce serait cependant le lieu d'ajouter quelque chose sur *cet espèce d'esprit d'une extrême subtilité,* qui pénètre tous les corps solides et qui est caché dans leur substance; c'est par l'action et la force de cet esprit, *que les particules des corps s'attirent mutuellement* aux plus petites distances et *qu'elles adhèrent* lorsqu'elles sont contiguës; c'est par lui que les *corps élastiques* agissent à de plus grandes distances, tant pour attirer que pour repousser les corps voisins; c'est encore par le moyen de cet esprit que la *lumière* émane, qu'elle se réfléchit, s'infléchit, se réfracte et échauffe les corps; toutes les sensations sont exécutées et les animaux mus, quand leur volonté l'ordonne, par la vibration de cette substance spirituelle qui se propage des organes extérieurs aux sens, par les filets solides des nerfs, jusqu'au cerveau, et ensuite du cerveau dans les muscles. Mais ces choses ne peuvent s'expliquer en si peu de mots, et l'on n'a *point fait encore un nombre suffisant d'expériences pour pouvoir déterminer exactement les lois suivant lesquelles agit cet esprit universel.* »

D'un autre côté, en ce qui concerne le but élevé assigné à la Science dans l'étude de la Nature, on lit en tête de la Préface de l'auteur :

« Les modernes ont enfin, depuis quelque temps, rejeté les forces essentielles et les qualités occultes, pour rappeler les phénomènes naturels à des lois mathématiques. Je me suis proposé dans ce traité de contribuer à cet objet, en cultivant les Mathématiques en ce qu'elles ont de rapport avec la philosophie naturelle. »

Et plus loin :

« Plusieurs raisons me portent à soupçonner que les phénomènes de la Nature dépendent tous de quelques forces, dont les causes sont inconnues et par lesquelles les particules des corps sont poussées les unes vers les autres, s'unissent en figures régulières, ou sont repoussées ou se fuient mutuellement; c'est l'ignorance où l'on est jusqu'ici de ces forces, qui a empêché les philosophes de tenter l'explication de la Nature avec succès. »

La loi de la gravitation répond incontestablement, dans une certaine mesure, au but que se proposait Newton en entreprenant ses études sur les *principes mathématiques de la philosophie de la Nature*. Elle résulte de déductions mathématiques appuyées sur les faits d'observation parfaitement établis, en dehors de toute hypothèse sur l'existence de forces essentielles ou de propriétés occultes de la matière; elle ramène l'étude des phénomènes gravifiques à l'application d'une formule mathématique parfaitement définie dans ses termes et se prêtant merveilleusement au calcul.

Néanmoins, il faut bien le reconnaître, la loi de la gravitation, formulée en dehors de toute notion positive sur le principe et le mode d'action de la gravité, est loin de donner les éléments nécessaires pour atteindre le but élevé que Newton assignait aux investigations de la Science, pour arriver à une explication satisfaisante de la Nature, et en particulier des phénomènes rentrant spécialement dans le domaine de la force gravifique. Le fait de l'attraction des masses à distance n'est qu'une manifestation particulière et spéciale, très importante sans doute, en raison de son action dans le monde, des conditions générales dans lesquelles s'établit ou se maintient l'équilibre du milieu général de l'éther autour de la molécule matérielle, par le fait de l'action gravifique. Mais la gravité entre en jeu dans un très grand nombre d'autres phénomènes très importants, soit seule, soit dans une action combinée avec les autres forces de la Nature : l'Électricité, la Chaleur, la Lumière. L'explication de ces phénomènes comporte la connaissance de la nature et du mode d'action de ces forces diverses et tout particulièrement de la gravité, qui prend souvent un rôle prépondérant dans ces manifestations.

C'est par une analyse *détaillée des phénomènes se rapportant* spécialement à chacune de ces forces, qu'on devra aborder l'étude du principe et du mode d'action de chacune d'elles. Les investigations de la Science pourront porter ensuite sur les phénomènes plus complexes, tels que la constitution moléculaire des corps ou les transformations physiques ou chimiques que subissent les substances matérielles sous l'action de ces forces diverses.

Si Newton n'a pas poursuivi de recherches analytiques dans ce sens, c'est, comme il le déclare lui-même, qu'il n'en trouvait pas les éléments dans les faits alors acquis à la Science.

Nous verrons que les belles expériences de M. Fizeau sur l'entraînement de l'éther, en confirmant, dans ses éléments essentiels, l'hypothèse de Fresnel sur la constitution d'une atmosphère d'éther condensé autour de la molécule matérielle, nous mettent en possession de données importantes sur la réaction qui se produit entre la molécule matérielle et le milieu général de l'éther, dans lequel elle est plongée et, par là, ouvrent la voie à une étude du principe de la gravité, considérée comme conséquence directe de la réciprocité d'action, d'ordre primordial, qui s'exerce entre la molécule et le milieu général ambiant.

II. — L'ÉTHER ET LA MATIÈRE.

L'éther.

L'existence d'un milieu subtil, éminemment élastique, s'étendant dans toute la Nature et pénétrant tous les corps, l'éther, est un fait généralement admis aujourd'hui par la Science et qui sert de base aux théories récentes les mieux établies et les plus fécondes.

L'*éther* sera considéré, dans les études qui vont suivre, comme un *gaz parfait, éminemment élastique et dont les atomes élémentaires, doués de masse et de mouvement, sont soumis à toutes les lois de la Dynamique.*

L'étude des conditions d'équilibre de l'éther libre, autour de l'atmosphère d'éther condensé de la molécule matérielle, nous permettra de reconnaître tout d'abord que l'*éther est le principe de la gravité* en même temps que *l'agent actif et l'intermédiaire nécessaire entre les corps matériels agissant à distance les uns sur les autres.*

Nous verrons ensuite que l'*électricité* n'est autre chose que de l'*éther en tension* renfermé dans l'intérieur des corps ou agissant autour d'eux, dans l'étendue de leur champ électrique.

On sait, de plus, que les expériences les plus récentes établissent une complète assimilation entre *l'électricité, la lumière et la chaleur,* dans leur principe comme dans les caractères essentiels de leurs manifestations diverses.

On est ainsi conduit à reconnaître que l'éther préside au développement de tous les phénomènes dans la Nature, qu'il est le principe et la source de toutes les énergies, en même temps que l'agent actif de leur propagation dans l'espace et l'intermédiaire nécessaire des échanges à distance s'opérant entre les différents milieux.

Telle est sa puissance et son énergie potentielle, qu'il prend la part la plus active à la manifestation de tous les phénomènes de la Nature, sans qu'en aucune circonstance son élasticité en paraisse atteinte ou son action sensiblement affaiblie.

La gravitation, ses caractères essentiels.

La gravité s'exerce entre les atomes premiers des corps, d'une manière constante, permanente, sans être arrêtée, ni altérée par aucun obstacle et avec une intensité qui, n'étant influencée par l'action d'aucune force, telle que la chaleur, la lumière et l'électricité, dépend uniquement de la masse des molécules en présence et des distances qui les séparent. Par sa nature et par son mode d'action, la gravité se distingue de toutes les autres forces dont les intensités sont essentiellement variables, et dont les énergies peuvent, en se combinant entre elles, éprouver toutes sortes de transformations, sous l'empire de la seule loi de l'équivalence.

En raison du caractère universel et permanent de son action et de l'indépendance absolue de ses manifestations, la gravité paraît résulter uniquement de la réciprocité d'action primordiale du fluide éthérique et de la molécule matérielle. On est ainsi conduit à chercher, dans les propriétés essentielles des éléments en présence, l'origine et la nature des manifestations gravifiques.

L'atmosphère moléculaire, centre de dépression.

Fresnel, dans sa théorie des ondes à travers les différents milieux, a admis, en principe, l'existence autour de la molécule matérielle d'une atmosphère d'éther condensé, dont la densité va en augmentant de la circonférence au centre et qui se maintient en équilibre de tension avec l'éther libre, dans lequel elle se meut sans résistance.

C'est sur ces données que Fresnel et, après lui, Potier, par des méthodes différentes, ont établi la valeur analytique de la vitesse d'entraînement des ondes lumineuses dans les différents milieux, en fonction des indices de réfraction correspondants.

Les belles expériences de Fizeau, puis celles de M. E. Mascart sur l'entraînement de l'éther, étant venues confirmer les calculs des deux géomètres, l'hypothèse de Fresnel prend, dans une certaine mesure, le caractère d'un fait d'expérience. La molécule matérielle entraîne, en effet, avec elle une certaine quantité d'éther condensé, qui se maintient en équilibre de tension avec le milieu ambiant et se meut dans ce milieu. Cet éther condensé fait, pour ainsi dire, corps avec la molécule matérielle; mais dans quelles conditions cette dépendance réciproque se trouve-t-elle établie? C'est ce qui resterait à déterminer.

Nous admettrons, tout d'abord, dans les études qui vont suivre, que cet éther constitue, suivant l'hypothèse de Fresnel, une atmosphère condensée enveloppant la molécule, s'appuyant à sa surface sans la pénétrer et pouvant être assimilée, sous ce rapport, à une atmosphère indépendante comme celle qui s'étend autour du globe terrestre.

Les conclusions auxquelles nous serons amenés, dans cette supposition sur l'état d'équilibre des tensions du milieu général autour de la molécule pourront s'étendre facilement à des conditions tout autres, comme seraient celles de l'Électricité ou de l'éther en tension accumulée, pour ainsi dire, sur l'épaisseur de la couche superficielle, comme il arrive pour les corps conducteurs électrisés, ou bien encore pénétrant la masse d'une manière plus complète, comme on serait en droit de le supposer, pour les molécules simples ou éléments chimiques des corps, qui tous présentent les caractères d'une électrisation permanente.

Mais avant d'entrer dans une analyse détaillée de l'état d'équilibre des milieux, dans le cas d'une atmosphère d'éther condensé enveloppant la molécule matérielle, il importe d'établir, d'une manière nette et précise, les conclusions premières à déduire de cette hypothèse sur la réciprocité d'action directe et immédiate des milieux en présence.

L'atmosphère qui, dans l'hypothèse de Fresnel, enveloppe la molécule matérielle, est formée d'éther condensé, c'est-à-dire d'une densité supérieure à celle de l'éther libre dans lequel elle est plongée. Les atomes constitutifs de cette atmosphère ont donc perdu, par le fait de leur groupement, une partie de l'énergie dont ils étaient doués originairement. Dès lors, les atomes du milieu général doués d'une élasticité supérieure et en collision constante avec les atomes élémentaires de l'atmosphère centrale doivent céder normalement à ces derniers une partie de leur énergie cinétique. Au contact immédiat de l'atmosphère moléculaire, le milieu général est alors mis dans un état de dépression permanente, qui, de couche en couche, doit se propager dans toute son étendue.

D'un autre côté, l'énergie régulièrement transmise à l'atmosphère moléculaire par le milieu ambiant tend à en relever l'élasticité et à provoquer une dilatation, de nature à atténuer progressivement et, en définitive, à faire disparaître entièrement la différence de densité des milieux, qui cependant doit se maintenir normalement dans l'hypothèse de Fresnel. Il ne peut en être ainsi qu'autant que l'atmosphère moléculaire se trouve soumise intérieurement à une perte d'énergie égale à celle qu'elle reçoit de l'éther libre, à la surface de contact des milieux.

Cette perte d'énergie intérieure de l'atmosphère moléculaire ne pouvant être attribuée qu'à la présence de la molécule matérielle, on se trouve conduit à assimiler la molécule à un corps mou, ou, du moins, doué d'une élasticité moins parfaite que les atomes d'éther.

C'est là une question qui devra faire l'objet d'une étude spéciale dans les recherches à entreprendre sur la constitution des corps pondérables. Les conséquences de la théorie basée sur l'hypothèse de Fresnel pourront alors être mises en parallèle avec les déductions à tirer d'autres hypothèses, sur les conditions dans lesquelles peut se trouver l'éther condensé, qu'entraîne avec elle la molécule matérielle; de plus, les études à entreprendre sur le principe et le mode d'action de l'ensemble des forces de la Nature auront pu alors révéler certains caractères essentiels de la molécule matérielle, qui pourront être d'un secours efficace pour se prononcer sur sa constitution intime.

En ce qui concerne les recherches à poursuivre sur la gravitation, il nous suffit, pour le moment, de relever, comme conséquences directes de l'existence d'une atmosphère d'éther condensé autour de la molécule matérielle, les deux faits suivants :

1° *L'atmosphère d'éther condensé subit, intérieurement, une perte constante d'énergie égale à celle qui lui est régulièrement transmise par le milieu général ambiant;*

2° *La molécule entourée de son atmosphère d'éther condensé constitue dans le milieu général de l'éther libre un centre de dépression, qui s'étend de couche en couche, dans toute l'étendue de ce milieu.*

Dans l'étude qui va suivre, nous chercherons, tout d'abord, à établir les conditions d'équilibre des milieux en action l'un sur l'autre et à en déduire la loi des tensions du milieu général autour de l'atmosphère moléculaire, centre de dépression. Nous aurons ensuite à déterminer la valeur des actions réciproques exercées entre les molécules matérielles noyées dans ce même milieu, et à rapprocher les formules analytiques ainsi établies de la loi expérimentale de Newton.

III. — ÉTAT D'ÉQUILIBRE DES MILIEUX AUTOUR DE LA MOLÉCULE MATÉRIELLE.

§ 1. — Considérations générales.

Au contact de la surface de l'atmosphère moléculaire, l'éther se trouve dans un état de dépression qui, à raison de la grande élasticité du milieu, tend à se propager, dans toute son étendue, avec la plus grande rapidité. Le milieu éthérique qui enveloppe la molécule étant parfaitement homogène, il est évident que tous les points situés à la même distance de l'atmosphère moléculaire subiront de sa part la même action dépressive et que tous les points d'une surface sphérique ayant pour centre la molécule matérielle seront à la même tension. D'un autre côté, l'étendue d'un anneau allant en croissant avec la distance au centre, on conçoit que la valeur de la dépression doive aller en diminuant d'importance quand la distance augmente. Dans l'état d'équilibre des milieux, la tension sera constante pour une même surface sphérique, mais elle sera variable d'un point à l'autre sur un même rayon. C'est en vertu des échanges d'énergie qui s'opéreront d'un anneau à l'autre dans toute l'étendue du milieu général, pour se porter, en dernière analyse, sur l'atmosphère centrale, que s'établira l'équilibre élastique des milieux. Ce flux d'énergie dépendra de la loi des tensions dans l'étendue du milieu général autour de la molécule matérielle, centre de dépression; la détermination de cette loi se rattache ainsi à une question d'équilibre mécanique, dont la solution pourrait être étudiée en s'appuyant sur les seules lois générales de la Dynamique.

Mais la perte d'énergie mécanique, subie par le milieu ambiant au profit de l'atmosphère moléculaire, ayant son équivalent en énergie thermique, la molécule matérielle peut également être considérée comme un centre de refroidissement de l'éther libre qui l'enveloppe.

Partant de cette donnée, la loi des températures du milieu général autour de l'atmosphère moléculaire pourrait être établie, tout d'abord, pour en déduire ensuite l'état des tensions.

Deux méthodes s'ouvrent ainsi pour résoudre la question posée; l'importance que doit avoir sa solution, tant au point de vue de la recherche du principe même de la gravitation universelle, que sous le rapport des études à poursuivre sur l'origine et le mode d'action des autres forces de la Nature, nous détermine à appliquer successivement l'une et l'autre de ces méthodes. Elles conduisent à une même conclusion générale, mais sous des formes différentes, qui se précisent l'une l'autre et permettent ainsi de déterminer, d'une manière plus complète et plus explicite, les données analytiques de la solution.

Nous commencerons par l'étude d'équilibre thermique des milieux.

§ 2. — Équilibre thermique des milieux.

Loi des températures. — Les conclusions de la théorie de Fourier sur la conductibilité ou la propagation de la chaleur à travers un mur homogène, indéfini, dont les deux faces parallèles sont maintenues à des températures constantes, ont toujours été confirmées par l'expérience, non seulement en ce qui concerne les corps solides isotropes, mais aussi les liquides et les gaz, toutes les fois que l'on a pu les mettre à l'abri de déplacements intérieurs de nature à troubler l'action propre des milieux. C'est la méthode même qu'a suivie Fourier pour sa théorie de la conductibilité, que nous allons appliquer à la recherche des conditions d'équilibre thermique d'un milieu général de l'éther, autour d'une atmosphère moléculaire, centre de refroidissement.

Les surfaces isothermes du milieu général, au lieu d'être planes, comme pour le mur de Fourier, seront nécessairement des surfaces sphériques concentriques entre elles et à l'atmosphère de la molécule matérielle. Les flux de chaleur émis de tous les points du milieu général, pour aboutir à l'atmosphère centrale, suivront la direction des rayons avec des vitesses égales et des intensités en rapport avec la distance au centre.

Pareillement pour l'élasticité du milieu qui est fonction de la température ou énergie thermique : quelle que soit d'ailleurs la loi qui la rattache à celle-ci, elle variera nécessairement, comme la température, d'une manière uniforme, tout autour de l'atmosphère moléculaire. Tous les points d'une même couche sphérique ayant même température V auront également même élasticité U, température et élasticité ne dépendant ainsi que de la distance x de la couche considérée à la molécule centrale. Nous pouvons donc écrire les relations suivantes :

$$V = \varphi(x), \tag{1}$$

$$U = \chi(v) \tag{2}$$

et, par suite,

$$U = \psi(x). \tag{3}$$

Considérons, autour de l'atmosphère moléculaire, une surface sphérique de rayon x dans le milieu général et, de part et d'autre de cette surface, à des distances a et α, deux molécules voisines, l'une m à l'extérieur, à la température t, l'autre μ à l'intérieur, à la température θ, en admettant $t > \theta$.

Dans l'état d'équilibre des milieux, la molécule m envoie à la molécule μ, à travers l'élément Δs de la surface sphérique, une quantité de chaleur que nous désignerons par q. Dans sa théorie de la conductibilité, Fourier admet que la quantité de chaleur transmise d'une molécule à l'autre, variable avec la distance, dans des conditions qui dépendent de la nature du milieu, reste, en tous cas, proportionnelle à leur différence de température $(t - \theta)$, de sorte qu'on a

$$q = (t - \theta) f(l).$$

Pareil échange s'opérant à travers Δs entre toutes les molécules situées de part et d'autre de cet élément, dans les limites des distances dans lesquelles s'exerce l'action réciproque d'une molécule sur l'autre, si l'on désigne par Q la quantité de chaleur qui traverse, dans l'unité de temps, l'unité de surface de la couche sphérique, considérée comme composée d'éléments tels que Δs, sa valeur aura pour expression

$$Q = \Sigma (t - \theta) f(l). \tag{4}$$

Or, les points tels que m et μ, dont les distances à la surface sphérique de rayon x sont respectivement a et α, étant, par là même, distants de $x+a$ et de $x-\alpha$ du centre de refroidissement, leurs températures t et θ, déduites de la formule (1), seront données par les équations

$$t=\varphi(x+a)=\varphi(x)+a\frac{d\varphi}{dx}+a^2\frac{d^2\varphi}{dx^2}+a^3\ldots,$$

$$\theta=\varphi(x-\alpha)=\varphi(x)-\alpha\frac{d\varphi}{dx}+\alpha^2\frac{d^2\varphi}{dx^2}-\alpha^3\ldots;$$

d'où l'on tire $(t-\theta)$ en observant que, a et α étant très petits, les termes supérieurs au premier degré sont négligeables

$$(t-\theta)=(a+\alpha)\frac{d\varphi}{dx}=(a+\alpha)\frac{dV}{dx}$$

et, par suite, la valeur de Q

$$Q=\Sigma(a+\alpha)\frac{dV}{dx}f(l)$$

et

$$Q=\frac{dV}{dx}\Sigma(a+\alpha)f(l).$$

Le facteur $\Sigma(a+\alpha)f(l)$, dépendant uniquement de la nature du milieu, est une constante que nous désignons par K. On a ainsi

$$Q=K\frac{dV}{dx}. \tag{5}$$

La quantité Q représentant la quantité de chaleur qui, dans l'unité de temps, traverse l'unité de surface de la sphère de rayon x, en la multipliant par $4\pi x^2$ nous aurons pour expression de la chaleur qui traverse la surface sphérique entière

$$Q4\pi x^2=K\frac{dV}{dx}4\pi x^2.$$

Or, la quantité de chaleur qui, dans l'état d'équilibre des milieux, traverse une couche sphérique est la même, quelle que soit la distance x au centre de refroidissement, et n'est autre que la chaleur correspondant à l'énergie perdue au contact de la molécule matérielle. Si donc on désigne par P cette perte d'énergie rapportée à l'unité de temps et par H l'équivalent mécanique de la chaleur, $\frac{P}{H}$ sera la perte de chaleur, exprimée en calories, éprouvée dans l'unité de temps par l'atmosphère moléculaire et, par suite, la valeur du flux de chaleur qui, dans l'unité de temps, traverse toutes les couches sphériques dans la direction de la molécule matérielle. D'où il vient

$$Q\, 4\pi x^2 = K \frac{dV}{dx} 4\pi x^2 = \frac{P}{H},$$

ou bien encore

$$\frac{dV}{dx} = \frac{P}{4\pi KH} \frac{1}{x^2},$$

et, en intégrant,

$$V = -\frac{P}{4\pi KH} \frac{1}{x} + \text{const.} \tag{6}$$

Lorsque x tend vers l'infini, le premier terme tend à disparaître, de telle sorte que, à la limite, la température V se réduit à la valeur de la constante de l'intégrale qui, dès lors, doit être égale à la température de l'éther libre répondant à son élasticité normale. En désignant cette température par T, la valeur de V devient

$$V = T - \frac{P}{4\pi KH} \frac{1}{x};$$

d'où l'on tire, pour la variation de la température T — V ou ΔT dans l'étendue du milieu général,

$$T - V = \Delta T = \frac{P}{4\pi KH} \frac{1}{x}. \tag{7}$$

L'abaissement ou perte de température du milieu général de l'éther, autour de la molécule matérielle, est proportionnel à la perte de chaleur de l'atmosphère moléculaire dans l'unité de temps et varie, sur un même rayon, en raison inverse de la distance au centre de refroidissement.

Dans la relation précédente, $\frac{P}{H}$ représente la perte d'énergie exprimée en calories. La valeur de P, en tant que quantité de travail, est négative; il en est donc de même de la variation de température ΔT, qui répond, du reste, à une perte de chaleur.

Loi des tensions. — De la loi des températures du milieu général de l'éther autour de l'atmosphère moléculaire, considérée comme centre de dépression, nous allons chercher à déduire la loi des tensions ou des variations d'élasticité du milieu résultant de l'action de l'atmosphère moléculaire, centre de dépression.

La relation qui lie l'élasticité U à la température V d'un point donné du milieu général à la distance x de la molécule matérielle est, avons-nous dit, de la forme

$$U = X(V). \tag{3}$$

En représentant par E l'élasticité et par T la température de l'éther libre, à l'état normal, on a identiquement

$$E = X(T). \tag{8}$$

Si l'on désigne par ΔE et ΔT les variations correspondantes d'élasticité et de température du milieu pour un point situé à la distance x, la relation (3) pourra s'écrire

$$E + \Delta E = X(T + \Delta T)$$

et, en développant,

$$E + \Delta E = X(T) + X'(T)\Delta T + X''(T)\Delta T^2 + \ldots.$$

Pour l'éther, l'élasticité et, par suite, la température correspondante sont extrêmement considérables et les variations ΔE et ΔT, autour de l'atmosphère moléculaire, doivent être considérées comme extrêmement petites par rapport aux valeurs de E et de T. Pour l'éther, comme pour tous les milieux qui se trouveront dans des conditions semblables, les termes contenant ΔT à des puissances supérieures peuvent être négligés, et, si l'on supprime dans l'égalité précédente le premier terme de chacun des membres $E = X(T)$, il reste

$$\Delta E = X'(T)\Delta T.$$

La variation d'élasticité ΔE n'est autre chose que la tension du milieu au point x, que nous désignerons par e_x. D'un autre côté, la valeur de ΔT ou de $T - V$ est donnée par la relation (7) ci-dessus

$$T - V = \frac{P}{4\pi KH} \frac{1}{x}. \tag{7}$$

La relation précédente nous donne ainsi, pour expression analytique de la loi des tensions du milieu général autour de la molécule matérielle centre de dépression,

$$e_x = X'(T)\,\frac{P}{4\pi KH}\,\frac{1}{x}. \tag{9}$$

La valeur $X'(T)$ varie avec la nature du milieu, mais, pour l'éther comme pour tout gaz parfait, on sait que l'élasticité U est égale aux $\frac{2}{3}$ de l'énergie de translation des molécules élémentaires sous l'unité de volume, de telle sorte qu'on peut écrire

$$U = \frac{2}{3}\,\frac{mnu^2}{2}.$$

Si l'on désigne par C_1. la capacité calorifique de l'éther sous l'unité de volume, par V sa température et par H l'équivalent mécanique de la chaleur, l'énergie potentielle $\left(\frac{mnu^2}{2}\right)$ a pour expression thermique $C_1 \cdot VH$.

La capacité calorifique est la même pour tous les gaz, à la même pression. Or, nous avons vu plus haut que l'éther, ou tout autre milieu ambiant auquel peut s'appliquer la formule (9), doit être considéré comme gardant sensiblement la même élasticité, dans toute son étendue, autour de l'atmosphère centrale. La quantité C_1. peut donc être considérée comme une constante, dont on déterminera la valeur, de même que celle de tous les autres éléments ou coefficients se rapportant au milieu général de l'éther, par des expériences basées sur les expressions analytiques que nous fournira la théorie dont nous cherchons à poser les bases.

La relation entre la tension U de l'éther et la température V du milieu peut donc s'écrire

$$U = \frac{2}{3}\left(\frac{mnu^2}{2}\right) = \frac{2}{3}\,C_1 \cdot VH, \tag{10}$$

et sa dérivée $\frac{\Delta U}{\Delta V}$ ou $X'(V)$ donne

$$\frac{\Delta U}{\Delta V} = X'(V) = \frac{2}{3}\,C_1 \cdot H,$$

qui est une constante.

Remplaçant $X'(T)$ dans la relation (9) ci-dessus, par sa valeur $\frac{2}{3}C_{1^\circ}H$, la loi des tensions du milieu général autour de l'atmosphère centrale devient

$$e_x = \frac{2}{3}C_{1^\circ}H\frac{P}{4\pi KH}\frac{1}{x} = \frac{P}{4\pi\frac{3}{2}\frac{K}{C_{1^\circ}}}\frac{1}{x}$$

et enfin, en posant $A = \frac{3}{2}\frac{K}{C_{1^\circ}}$,

$$e_x = \frac{P}{4\pi A}\frac{1}{x}. \tag{11}$$

La tension ou perte d'élasticité du milieu général, autour de l'atmosphère moléculaire, est proportionnelle à la perte d'énergie intérieure P *et varie en raison inverse de la distance au centre de dépression.*

La formule (9) donne la loi générale des tensions autour d'un centre de pression ou de dépression, pour un milieu homogène indéfini, dans l'hypothèse où les variations de l'élasticité ou de la température correspondante du milieu restent dans des limites très étroites, par rapport à la valeur absolue de son élasticité ou de sa température normale. S'il en était autrement, il faudrait chercher à déterminer, au moyen de la relation analytique qui lie l'élasticité à la température du milieu, la valeur générale de la variation de température en fonction de la variation de pression, que l'on porterait dans la relation (7) $T - V = \frac{P}{4\pi HK}\frac{1}{x}$, qui représente la loi des températures autour du centre de refroidissement. Mais dans les applications diverses, que nous aurons à faire ultérieurement, de la formule des tensions autour d'un centre de pression ou de dépression, le milieu général ambiant ou diélectrique sera toujours l'éther. Nous n'avons donc pas à pousser nos recherches plus loin, en ce qui concerne la loi des tensions.

Pour l'éther, et pour un gaz quelconque, autour d'un centre de pression ou de dépression, on aurait pu du reste déduire directement la loi des tensions de la loi des températures, donnée par la formule (7), et de la relation (10), qui relie la tension d'un gaz à son énergie interne ou potentielle, sans avoir à passer par la loi générale des tensions pour un milieu quelconque.

En effet, la relation (10), qui donne la valeur de U en fonction de l'énergie thermique du milieu,

(10) $$U = \frac{2}{3} C_{1} \cdot H V,$$

devient

$$E = \frac{2}{3} C_{1} \cdot H T,$$

pour les valeurs U = E, V = T, de l'élasticité normale et de la température normale de l'éther.

Retranchant ces deux équations membre à membre, il vient

$$E - U = e_x = \frac{2}{3} C_1 \cdot H(T - V),$$

et en remplaçant T — V par sa valeur donnée par la relation (7)

$$e_x = \frac{2}{3} C_1 \cdot H \frac{P}{4\pi K H} \frac{1}{x} = \frac{P}{4\pi \frac{3}{2} \frac{K}{C_1 \cdot}} \frac{1}{x}.$$

Si l'on pose, comme plus haut, $A = \frac{3}{2} \frac{K}{C_1 \cdot}$, on trouve

(11) $$e_x = \frac{P}{4\pi A} \frac{1}{x},$$

qui nous donne la loi des tensions, avec les mêmes termes que la formule déduite de la théorie générale.

Corollaires. — 1° *Le coefficient* K représente, dans la théorie qui vient d'être exposée, comme dans celle de Fourier, le terme $\Sigma(a + \alpha) f(l)$, qui est une constante pour un même milieu. Ce terme représente, ainsi que l'a établi Fourier, *la quantité de chaleur qui, dans l'unité de temps, traverse l'unité de surface d'un mur indéfini de* 1^m *d'épaisseur, dont les faces seraient maintenues à des températures constantes, avec une différence entre elles de* 1 *degré;* c'est, en d'autres termes, *le coefficient de conductibilité du milieu pour la chaleur*.

On peut dire aussi que la constante K représente la vitesse de transmission de la chaleur à travers le milieu.

Si, autour de la molécule matérielle, on considère la couche sphérique d'un rayon égal à *un* et si l'on suppose que la perte de température (T — V), sous l'action du centre de refroidissement, soit égale à l'unité, la valeur de K tirée de l'équation (7) devient

$$K = \frac{P}{H}\frac{1}{4\pi}.$$

Le second membre de cette équation représente la perte de chaleur, par unité de surface, de la sphère centrale d'un rayon égal à l'unité.

La quantité de chaleur qui, dans l'état d'équilibre des milieux, traverserait, dans l'unité de temps, l'unité de surface d'une sphère d'un rayon égal à l'unité dont la perte de température serait, par l'effet de la perte de chaleur centrale maintenue à un degré au-dessous de la température normale du milieu général, serait donc égale à K *ou au coefficient de conductibilité du milieu pour la chaleur dans la théorie de Fourier.*

2° La constante A, qui entre dans l'expression de la loi des tensions du milieu autour de la molécule matérielle

$$e_x = \frac{P}{4\pi A}\frac{1}{x}, \tag{11}$$

est égale à une fois et demie le rapport du coefficient de conductibilité K à la capacité calorifique C_{1° de l'éther sous l'unité de volume, de telle sorte que la relation précédente peut s'écrire

$$e_x = \frac{P}{4\pi\frac{3}{2}\frac{K}{C_{1^\circ}}}\frac{1}{x}. \tag{11 bis}$$

La tension autour de la molécule matérielle varie donc, d'une part, proportionnellement à la capacité calorifique du milieu, ou, mieux encore, au produit PC_{1° de la perte d'énergie intérieure par l'énergie potentielle du milieu qui croît dans le même rapport que sa capacité calorifique et, d'autre part, en raison inverse de son coefficient de conductibilité K qui donne la mesure de la facilité avec laquelle la chaleur traverse le milieu.

3° Nous avons vu que, Q désignant la quantité de chaleur qui, dans l'unité de temps, traverse l'unité de surface d'une couche sphérique de rayon x, la quantité de chaleur $Q4\pi x^2$, qui traverse dans l'unité de temps toute la surface de la sphère, est donnée par la relation

$$Q\,4\pi x^2 = \frac{P}{H}.$$

Or, dans l'équilibre des milieux, cette quantité de chaleur passe tout entière, et d'une manière continue, d'une couche à la suivante. Elle constitue donc un *flux de chaleur* qui, partant des limites extrêmes de l'espace, se concentre sur l'atmosphère moléculaire. Ce flux de chaleur, exprimé en calories, représente un travail mécanique P, qui vient ainsi compenser régulièrement la perte constante d'énergie P, subie par l'atmosphère centrale au contact de la molécule matérielle.

La quantité Q, qui traverse l'unité de surface, déduite de l'équation précédente, est égale à

$$Q = \frac{P}{H}\,\frac{1}{4\pi x^2};$$

elle varie donc d'une couche à la suivante en raison inverse du carré de la distance x au centre de l'atmosphère moléculaire et tend vers zéro à mesure que la distance tend vers l'infini.

4° La loi de refroidissement de Fourier, pour un mur d'épaisseur E dont les faces parallèles sont maintenues à des températures A et B, est représentée par l'équation

$$A - V = \frac{A - B}{E}\,x$$

ou

$$y = \frac{A - B}{E}\,x,$$

dans laquelle x est la distance du point considéré à la surface A du mur, et $y = A - V$ représente la variation de température.

Analytiquement, cette équation représente une ligne droite passant par l'origine des coordonnées et dont le coefficient angulaire est $\frac{A - B}{E}$.

L'équation (7), qui donne la loi des températures, si l'on désigne par y la variation de température $\Delta T = T - V$, devient

$$y = \frac{P}{4\pi KH}\,\frac{1}{x}$$

ou

$$xy = \frac{1}{4\pi KH} = \text{const.} \tag{12}$$

Cette équation est celle d'une hyperbole équilatère rapportée à ses asymptotes et ayant pour centre la molécule matérielle.

§ 3. — Équilibre dynamique des milieux.

Réciprocité d'action entre le milieu général et l'atmosphère centrale. — La perte d'énergie que subit intérieurement l'atmosphère moléculaire tendant à la *mettre en dépression constante*, un état d'équilibre entre les milieux ne peut se maintenir qu'autant que le milieu général supposé indéfini lui communique, normalement à la surface de contact, une quantité de force vive ou d'énergie venant régulièrement compenser l'énergie perdue au centre.

C'est donc, dans la réciprocité d'action des milieux, que nous devons rechercher les éléments de la solution du problème de leur état d'équilibre. Nous avons ensuite à déduire de ces premières études, en nous appuyant sur les seuls principes de la Dynamique, la loi des tensions dans l'étendue du milieu général autour de l'atmosphère moléculaire en dépression.

L'état de dépression de l'atmosphère centrale provoque, de la part du milieu général, un mouvement d'avancement ou de compression de la sphère centrale. Ce mouvement d'avancement va en s'accélérant comme celui d'un pendule jusqu'à ce que, par le fait de la compression, l'élasticité de la sphère soit devenue égale à celle du milieu ambiant; le mouvement d'avancement se continue en vertu des vitesses acquises, mais il s'atténue progressivement en raison de l'accroissement de tension de l'atmosphère comprimée, et s'arrête lorsque l'énergie cinétique du système accumulée pendant la première période s'est transformée tout entière en énergie potentielle ou énergie élastique de l'atmosphère centrale. Celle-ci réagit alors à son tour pour déterminer un mouvement en sens inverse du précédent qui, en la dilatant, la ramène à son état primitif de dépression qui donne lieu à un nouveau mouvement de compression, suivi à son tour d'un mouvement de dilatation, et ainsi de suite. L'atmosphère centrale se trouve mise ainsi en vibration dans des conditions que nous allons chercher à déterminer pour le cas d'équilibre des milieux.

Aux vibrations développées à la surface de contact répondent, dans le milieu général indéfini, des ondulations sphériques isochrones et de même intensité, au moyen desquelles s'opérera, comme nous l'établirons, la communication d'énergie que comporte l'état d'équilibre de l'atmosphère moléculaire.

L'état de dépression dans lequel se trouve entraînée l'atmosphère moléculaire, par le fait de sa perte constante d'énergie au centre, a pour effet, en diminuant la résistance au mouvement de compression, d'en accélérer la vitesse et, par là même, d'accroître l'énergie que développe l'ondulation sur laquelle s'exerce la pression du milieu ambiant et, comme conséquence directe, l'énergie même de la phase correspondante de la vibration. Pour la phase de dilatation, la réaction que tend à exercer l'atmosphère moléculaire contre la pression du milieu ambiant étant, au contraire, affaiblie par la perte d'énergie centrale, la vitesse et, par suite, l'intensité de la phase de dilatation du milieu s'en trouvent nécessairement réduites, et il en est de même pour la phase correspondante de l'ondulation.

Les vibrations de l'atmosphère moléculaire ainsi que les ondulations du milieu général correspondantes sont donc formées de deux phases d'inégales intensités : l'excès d'énergie de la phase de compression sur la phase de dilatation de l'atmosphère centrale doit, dans l'état d'équilibre, compenser exactement la perte intérieure qui répond à la durée d'une vibration complète. Le milieu général devient en effet, ainsi que nous le verrons plus loin, le siège d'un flux permanent d'énergie qui, partant des régions les plus éloignées et se transmettant de couche en couche, se concentre sur l'atmosphère centrale et lui rend normalement la perte qu'elle subit à l'intérieur. Ce flux d'énergie répond exactement au flux de chaleur qui, dans l'état d'équilibre d'un milieu général homogène indéfini autour d'un centre permanent de refroidissement, s'établit, comme on l'a vu précédemment, dans toute l'étendue du milieu général pour aboutir au centre de dépression ou de refroidissement.

Avant de pénétrer plus à fond dans l'étude du phénomène de l'équilibre des milieux, nous croyons devoir recourir à une hypothèse qui, en introduisant une certaine simplification dans les données de la question, paraît de nature à faciliter l'examen des conditions dans lesquelles s'exercent les actions réciproques des milieux à la surface de contact, en même temps qu'elle permet de substituer aux ondulations sphériques du milieu général des ondulations longitudinales qui, gardant, dans tout le cours de leur propagation, les mêmes caractères qu'à leur origine, se prêtent mieux à l'analyse de la vibration qui les a produites.

Quand, dans ces conditions, nous aurons analysé le mécanisme et déterminé les éléments essentiels de la vibration répondant à l'état d'équilibre du système, il sera facile de faire application de la solution analytique, répondant à cette hypothèse, au problème posé dans ses données primitives.

Nous supposerons donc la surface de l'atmosphère moléculaire décomposée en éléments polygonaux assez petits pour être considérés comme plans. De chacun de ces éléments partent, normalement à la surface de l'atmosphère, autant de tuyaux prismatiques, qui vont déboucher dans l'éther libre, à une distance assez grande pour que, l'action dépressive de l'atmosphère centrale pouvant y être considérée comme nulle ou du moins comme négligeable, en présence de la perte de tension à la surface même de l'atmosphère, l'élasticité du milieu général s'y trouve sensiblement à sa valeur normale.

Dans ces conditions, l'action du milieu général s'exerçant par le moyen des tuyaux sur chacun des éléments de la surface de l'atmosphère moléculaire, déterminera, dans des conditions parfaitement assimilables à celles analysées ci-dessus, la mise en vibration de la sphère centrale. A chacune des phases de la vibration répondront des ondulations longitudinales, se propageant à travers le système des tuyaux. Ces ondulations, isochrones avec les vibrations et, comme celles-ci, à deux phases d'intensités inégales, développeront, dans la phase de compression, un excès d'énergie sur la phase de dilatation, qui devra régulièrement compenser la perte d'énergie subie par l'atmosphère moléculaire pendant la durée d'une vibration complète.

Une étude détaillée du mécanisme de la vibration à la surface de contact des deux milieux comporterait, concurremment avec l'analyse de l'action spéciale des forces extérieures, les seules actives sur le résultat final du système, celle des transformations successives des énergies potentielles ou élastiques en énergies mécaniques ou mouvements de masse et inversement, qui se produisent dans le cours de la vibration. Ces transformations des énergies des milieux modifient, à chaque instant, la répartition de l'énergie totale du système en énergies élastiques ou potentielles et en énergies mécaniques et rendraient, par là, très complexe la détermination de la part d'action à attribuer, à un moment donné, soit à l'un, soit à l'autre des milieux, aux forces extérieures ou forces actives qui agissent sur le système. Mais ces transformations, s'effectuant suivant la loi des équivalences, n'altèrent en rien l'énergie totale du système, et, après une vibration complète répondant à l'état d'équilibre, les milieux se retrouvent, au point de vue de la répartition des énergies potentielles, exactement dans le même état qu'au départ de la vibration. On peut donc faire abstraction de ces transformations subies, dans le cours d'une vibration, par les énergies potentielles des milieux, si, pour déterminer les conditions auxquelles doivent répondre les forces extérieures agissant sur le système, on se borne à comparer l'état dynamique des milieux à l'origine et à la fin d'une vibration complète. C'est dans ces conditions que nous allons déterminer l'expression du travail développé pendant la durée d'une vibration, par l'effet de la différence de tension des deux milieux à la surface de la sphère centrale, en exprimant, comme condition d'équilibre dynamique du système, que ce travail vient compenser exactement la perte d'énergie intérieure, subie pendant la période correspondante par l'atmosphère moléculaire.

Évaluons d'abord, pour chacune des deux phases de la vibration, le travail élémentaire développé, à la surface de l'atmosphère moléculaire, par la colonne d'éther renfermé dans l'un des tuyaux, sous l'action des pressions exercées par les milieux à ses deux extrémités. On devra considérer comme positif tout travail exercé dans le sens de la compression ou d'un accroissement de tension de l'atmosphère moléculaire, et comme négatif tout travail effectué en sens contraire et pouvant donner lieu à une dilatation ou perte de tension de la sphère centrale.

L'élasticité normale de l'éther étant représentée par E, désignons par e la perte de tension ou dépression moyenne de l'atmosphère moléculaire, par s l'élément de surface servant de base à l'un des tuyaux et par a l'amplitude de la vibration.

Pendant la phase de compression, la pression de l'éther libre, à la surface de la colonne prismatique d'éther renfermé dans le tuyau considéré, joue le rôle de force motrice, l'atmosphère moléculaire à la base agissant comme résistance. Le travail moteur pendant la période de compression, abstraction faite des énergies potentielles en jeu dans la vibration, aura donc pour valeur Esa et le travail résistant $(E - e)sa$, dont la résultante sera

$$Esa - (E - e)sa = esa,$$

travail positif, agissant dans le sens de la compression et venant augmenter ainsi l'énergie de la phase correspondante dont elle accélère la vitesse.

Pendant la phase de dilatation, les forces extérieures en présence sont les mêmes que dans la période précédente : du côté de l'atmosphère moléculaire, une pression $E - e$, qui agit dans le sens de la dilatation et produit dans cette direction un travail positif représenté par $(E - e)sa$; puis, du côté du milieu général, une force élastique E, dirigée dans un sens contraire au mouvement de dilatation, et développant, pour cette phase de la vibration, un travail négatif $-Esa$. L'ensemble du travail des forces extérieures, évalué pour cette période, dans le sens de la dilatation, serait donc

$$(E - e)sa - Esa = -esa.$$

Le travail des forces extérieures vient ainsi en déduction de l'intensité totale de l'énergie développée, dans le sens de la dilatation, par l'ensemble des forces qui agissent sur le système pendant la durée de la phase correspondante de la vibration. Le travail de dilatation constituant, par lui-même, une perte d'énergie pour la sphère centrale, l'action des forces extérieures, qui réduit cette perte, répond, en définitive, à un travail positif, dont l'expression analytique sera, comme pour la phase précédente, égale à

$$esa.$$

Pendant la durée d'une vibration entière, le travail des forces extérieures donne ainsi, pour chaque élément s de la surface de l'atmosphère centrale, une augmentation d'énergie représentée par

$$2sae$$

et, pour la surface entière $4\pi\rho^2$, un accroissement total

$$4\pi\rho^2 2ae,$$

à mettre en regard de la perte au centre pendant la même période.

Le mouvement vibratoire présente, avons-nous dit, deux phases inégales par leur durée, en même temps que par leur intensité. On se l'explique facilement. La vibration est, en effet, le résultat de deux actions bien distinctes : d'une part, l'énergie potentielle ou élastique des milieux, qui tend à déterminer un mouvement vibratoire pendulaire ou à phases d'égale durée pour la compression et pour la dilatation; d'autre part, la pression du milieu général, dont l'excès d'élasticité e sur l'atmosphère moléculaire a pour effet, comme on l'a vu, d'accroître l'énergie du mouvement de compression et d'en accélérer la vitesse et d'apporter, au contraire, un retard ou un obstacle à l'action du mouvement de dilatation. Ces durées différentes des deux phases de la vibration et, par suite, des ondulations isochrones se développant dans le milieu général en contact direct avec la surface vibrante, nous les désignons par t, t'.

Si donc on représente par P la perte d'énergie éprouvée par l'atmosphère moléculaire dans l'unité de temps, la perte répondant à la durée d'une vibration sera $P(t+t')$, et; comme dans l'état d'équilibre des milieux, cette perte doit se trouver compensée par le travail des forces extérieures, on aura la relation

$$4\pi\rho^2 2ae = P(t+t'), \tag{13}$$

d'où

$$4\pi\rho^2 \frac{2a}{t+t'} e = P.$$

Le rapport $\frac{2a}{t+t'}$, de l'espace parcouru $(2a)$ au temps $(t+t')$, donne la vitesse moyenne du mouvement vibratoire, à la surface de contact des milieux, que nous désignerons par U_ρ. On déduit ainsi de la relation précédente (13) la valeur de la dépression e

$$e = \frac{P}{4\pi U_\rho} \frac{1}{\rho^2}. \tag{14}$$

Éléments essentiels de la vibration. — Avant de passer à l'étude de la loi des tensions du milieu général autour de l'atmosphère moléculaire, centre de dépression, cherchons à compléter l'analyse de la vibration par la détermination de ses éléments essentiels : sa vitesse moyenne, son amplitude et enfin la durée de chacune des phases de la vibration.

a. Vitesse moyenne de la vibration. — Cherchons, tout d'abord, à déterminer l'expression analytique de la vitesse de vibration U_ρ, qui entre dans la relation analytique que nous venons d'établir entre la dépression e de l'atmosphère centrale et la perte d'énergie P, que subit le milieu par unité de temps au contact de la molécule matérielle.

De cette relation (14) on déduit, pour valeur de la vitesse moyenne de la vibration,

$$U_\rho = \frac{P}{4\pi\rho^2}\,\frac{1}{e},$$

qui, par l'adjonction du facteur $\frac{1}{3}\rho$, devient identiquement

$$U_\rho \frac{1}{\rho} = \frac{1}{3}\,\frac{P}{\frac{4}{3}\pi\rho^3}\,\frac{1}{e}.$$

Si l'on représente par P_1 la perte d'énergie du centre de dépression, dans l'unité de temps, rapportée à l'unité de volume, on pourra remplacer par P_1 le premier terme $\frac{P}{\frac{4}{3}\pi\rho^3}$ de l'égalité précédente qui devient

$$U_\rho \frac{1}{\rho} = \frac{1}{3}\,\frac{P_1}{e}. \tag{15}$$

Les milieux en action l'un sur l'autre restant les mêmes et dans les mêmes conditions, la perte de force vive ou d'énergie potentielle de la sphère centrale, les milieux étant supposés arrivés à l'état d'équilibre, variera évidemment dans le même rapport que la perte d'énergie P ou P_1, qu'il subit dans l'unité de temps, comme centre de dépression, soit pour la masse entière, soit par unité de volume. Or, d'un côté, la perte d'énergie interne ou potentielle de la sphère centrale, par unité de volume, si l'on représente par θ la variation de température répondant à sa perte de tension ou dépression e, sera donnée en énergie thermique par l'expression

$$C_1 H \theta,$$

dans laquelle C_1 est la capacité calorifique du milieu par unité de volume, ou sa chaleur spécifique divisée par la densité, et H, l'équivalent mécanique de la chaleur.

Si l'on représente par N le rapport constant qui, dans le système considéré, se maintient entre la valeur de P_1 et la perte d'énergie potentielle correspondante du milieu, par unité de volume, on pourra écrire la relation

$$P_1 = N C_1 H \theta. \tag{16}$$

D'un autre côté, si l'on désigne par λ le coefficient de dilatation linéaire de la substance dont est formée la sphère centrale, à un changement de température θ répondra, pour l'unité de longueur de la substance considérée, une variation en plus ou moins égale à $\lambda\theta$, ou une dilatation cubique de l'unité de volume représentée par $3\lambda\theta$. Si donc on désigne par E l'élasticité de cette même substance, le travail correspondant à la dilatation ou concentration linéaire, ou bien encore la pression ou traction qu'il faudrait exercer sur l'unité de surface, pour faire équilibre à la force tendant à dilater ou à contracter, d'une quantité $\lambda\theta$, l'unité de longueur de la substance, aura pour expression $\lambda\theta E$. Or, cette force de dilatation ou de contraction du milieu, répondant à un changement de température θ, est précisément la perte ou accroissement de tension de la sphère centrale, de telle sorte que l'on peut écrire

$$e = \lambda E \theta. \tag{17}$$

Divisant membre à membre ces deux égalités (16) et (17), on a pour valeur analytique de $\frac{P_1}{e}$

$$\frac{P_1}{e} = N\frac{C_1 H}{\lambda E},$$

qui, portée dans la relation (15), donne

$$U_\rho \frac{1}{\rho} = N\frac{C_1 H}{3\lambda E},$$

d'où l'on déduit, pour la vitesse moyenne U_ρ,

$$U_\rho = N\frac{C_1 H}{3\lambda E}\rho. \tag{18}$$

Si l'on suppose le rayon de la sphère centrale égal à l'unité, la vitesse moyenne de la vibration à la surface de contact des milieux, représentée par U_1, sera

$$U_1 = N \frac{C_1 H}{3\lambda E}. \tag{19}$$

Dans les expressions précédentes, *le facteur* $C_1 H$ *représente l'énergie ou la quantité de travail nécessaire pour élever d'un degré de température, sous volume constant, l'unité de volume de la substance de la sphère centrale; et le dénominateur* $3\lambda E$ *la quantité de travail qui, pour une élévation de température de un degré, serait employée à la dilatation ou à la contraction de la substance sous l'unité de volume; ou bien encore à la fraction de l'énergie totale* $C_1 H$, *qui serait employée à l'accroissement ou diminution de force vive des atomes élémentaires; le complément constituant la chaleur latente, répondant au travail nécessaire pour vaincre les résistances internes.*

Pour l'éther, comme pour tout gaz parfait, l'énergie interne est employée au travail de dilatation ou passe, tout entière, en augmentation ou diminution de force vive des atomes élémentaires du milieu. En ce cas, *le rapport* $\frac{C_1 H}{3\lambda E}$ *est égal à l'unité.* Pour l'atmosphère moléculaire constituée par l'éther, considéré comme gaz parfait, les relations (18) et (19), qui donnent la vitesse moyenne de la vibration à la surface de contact des milieux, se trouveront donc réduites aux termes suivants :

$$U_\rho = N\rho \tag{18 bis}$$

et

$$U_1 = N. \tag{20}$$

Le coefficient N ne peut être considéré comme constant qu'autant que les milieux restent les mêmes et dans les mêmes conditions, la sphère centrale gardant alors le même rayon. Cherchons à déterminer la valeur analytique de cette constante en revenant sur l''analyse de l'action de ceux des éléments des milieux dont il n'a pas encore été tenu compte.

L'analyse des conditions d'équilibre d'un milieu homogène et indéfini autour d'un centre de dépression, considéré comme centre de refroidissement, nous a conduit, en nous appuyant sur les principes mêmes de la théorie de la conductibilité de Fourier, à la formule suivante pour la loi des tensions :

$$e_x = \chi'(T)\frac{P}{4\pi KH}\frac{1}{x}, \tag{9}$$

dans laquelle $\chi'(T)$ est la dérivée, pour la valeur de V égale à la température constante T, de la fonction $U = \chi(V)$, qui donne la valeur U de l'élasticité du milieu général en fonction de sa température V. Le facteur K est le coefficient de conductibilité du milieu pour la chaleur et H est l'équivalent mécanique de la chaleur.

Pour l'éther, comme pour tout gaz parfait, la relation $U = \chi(V)$, entre la tension U et la température V, peut s'écrire :

$$U = \frac{2}{3}\left(\frac{mnu^2}{2}\right) = \frac{2}{3} C_{1'} HV. \tag{1}$$

La dérivée

$$\frac{dU}{dV} \quad \text{ou} \quad \chi'(V) = \frac{2}{3} C_{1'} H$$

est constante.

En portant cette valeur de la dérivée dans la relation (9), on a pour expression de la loi générale des tensions du milieu général autour d'un centre de dépression ou de refroidissement

$$e_x = \frac{P}{4\pi \frac{3}{2}\frac{K}{C_{1'}}}\frac{1}{x}, \tag{11 bis}$$

qui, pour une valeur $x = \rho$, ou à la surface de contact des milieux, devient

$$e_\rho = \frac{P}{4\pi \frac{3}{2}\frac{K}{C_{1'}}}\frac{1}{\rho}. \tag{11 ter}$$

Pour éviter que, dans les formules ci-dessus et celles qui vont suivre, on ne confonde la capacité calorifique sous l'unité de volume de l'éther ambiant avec celle de la sphère centrale, nous l'avons désignée par $C_{1'}$.

Les milieux en présence dans leur état d'équilibre ont constamment à leur surface de contact une tension commune, celle de la surface vibrante. Or, dans l'analyse précédente, nous avons démontré que la dépression ou perte de tension e à la surface de la sphère, centre de dépression dont le rayon est ρ, a pour expression

$$e = \frac{P}{4\pi U_\rho} \frac{1}{\rho^2}, \tag{14}$$

ou bien

$$e_\rho = \frac{P}{4\pi U_\rho \rho} \frac{1}{\rho}. \tag{14 bis}$$

Les formules (11 *ter*) et (14 *bis*) exprimant toutes deux sous des formes différentes une même quantité e_ρ, nous pouvons les identifier; d'où

$$\frac{P}{4\pi \frac{3}{2} \frac{K}{C_1}} \frac{1}{\rho} = \frac{P}{4\pi U_\rho \rho} \frac{1}{\rho},$$

et, par suite,

$$U_\rho \rho = \frac{3}{2} \frac{K}{C_1},$$

ou bien encore

$$U_\rho = \frac{3}{2} \frac{K}{C_1} \frac{1}{\rho} \cdots$$

D'ailleurs, l'application que nous avons faite de l'expression générale de la vitesse moyenne à la surface de la sphère centrale, au cas particulier d'une atmosphère moléculaire noyée dans l'éther, comme milieu général, nous conduit à la relation

$$U_\rho = N\rho. \tag{18 bis}$$

En la comparant avec l'expression précédente, il vient

$$N\rho = \frac{3}{2} \frac{K}{C_1} \frac{1}{\rho}$$

et

$$N = \frac{3}{2} \frac{K}{C_1} \frac{1}{\rho^2}. \tag{21}$$

Formule qui nous donne l'expression analytique du coefficient N, qui entre dans l'expression de la vitesse moyenne de la vibration à la surface de la sphère centrale, pour le cas où le milieu général ambiant est constitué par l'éther.

On pourra d'ailleurs suivre la même marche pour tout autre milieu que pour l'éther, après avoir déterminé, comme on l'a dit dans l'exposé de la méthode thermique, la relation qui lie, pour ce milieu, la différence des tensions à la différence des températures.

Du reste, comme dans les applications que nous pourrons avoir à faire ultérieurement, en dehors même de la question de la Gravitation, notamment pour l'étude de l'Électricité et de la Chaleur, de la loi des tensions d'un milieu homogène et indéfini autour d'un centre de pression ou de dépression, le milieu ou diélectrique sera toujours l'éther, nous pouvons nous désintéresser de l'étude des valeurs du coefficient N pour d'autres milieux, et passer immédiatement à l'application de l'expression analytique (21) de la valeur de N aux formules générales trouvées précédemment.

La vitesse moyenne de vibration d'une sphère de rayon ρ, centre de dépression, noyée dans l'éther, déduite de la formule (18), a ainsi pour expression analytique

$$U_\rho = \frac{3}{2} \frac{K}{C_1} \frac{C_1 H}{3\lambda E} \frac{1}{\rho}. \tag{22}$$

Elle varie en raison inverse du rayon. Elle est indépendante de la valeur de P, *c'est-à-dire de la perte d'énergie au centre de la sphère.*

Pour un rayon ρ égal à l'unité, la formule se réduit à

$$U_1 = \frac{3}{2} \frac{K}{C_1} \frac{C_1 H}{3\lambda E}. \tag{23}$$

La valeur de U_1 *est donc une constante qui ne dépend que de la nature des milieux.*

Dans l'état d'équilibre des milieux, *la vitesse moyenne de la vibration développée à la surface de contact est ainsi, et en toutes circonstances, d'une part, directement proportionnelle au rapport* $\frac{C_1 H}{3\lambda E}$ *de l'énergie répondant à la capacité calorifique de la sphère centrale, sous l'unité de volume, à la quantité de travail que comporte la dilatation ou contraction cubique de l'unité de volume, pour un changement de température de 1 degré, et, d'autre part, inversement proportionnelle au rapport de la capacité calorifique du milieu ambiant à son coefficient de conductibilité pour la chaleur.*

Si la sphère centrale est formée par l'éther ou par un gaz parfait, le rapport entre l'énergie répondant à la capacité calorifique et le travail nécessaire à la dilatation ou contraction cubique, pour un changement de température de 1 degré, est égal à *un*, et, dès lors, pour l'atmosphère moléculaire noyée dans le milieu général de l'éther, les formules (22) et (23), donnant la vitesse moyenne de vibration à la surface de contact des milieux, se réduisent aux termes suivants :

$$U_\rho = \frac{3}{2}\frac{K}{C_1}\cdot\frac{1}{\rho}, \tag{22 bis}$$

$$U_1 = \frac{3}{2}\frac{K}{C_1}. \tag{23 bis}$$

b. Amplitude de la vibration. — La sphère centrale en dépression d'une quantité représentée par e, sous l'action du milieu général ambiant, dont l'élasticité normale est E_e, tend à développer une vibration harmonique, à phases de même durée et d'égale intensité. L'élasticité de la sphère vibrante est égale, au départ, à $E_e - e$, passe par la valeur E_e, au milieu de la phase de compression, au moment où le mouvement vibratoire est à son maximum de vitesse, pour atteindre, à l'arrivée, la valeur $E_e + e$. L'élasticité du milieu variant, pendant la durée de la vibration, en raison inverse du volume de la sphère ou atmosphère centrale, l'amplitude de la vibration peut se déduire de la relation suivante, basée sur cette condition :

$$\frac{\frac{4}{3}\pi\rho^3 + 4\pi\rho^2\frac{a}{2}}{\frac{4}{3}\pi\rho^3 - 4\pi\rho^2\frac{a}{2}} = \frac{E_e + e}{E_e - e},$$

qui peut s'écrire

$$\frac{1 + \frac{3}{2}\frac{a}{\rho}}{1 - \frac{3}{2}\frac{a}{\rho}} = \frac{1 + \frac{e}{E_e}}{1 - \frac{e}{E_e}},$$

équation satisfaite identiquement si l'on pose

$$\frac{3}{2}\frac{a}{\rho} = \frac{e}{E_e}, \quad \text{ou bien encore} \quad \frac{a}{\rho} = \frac{2}{3}\frac{e}{E_e},$$

d'où l'on déduit la valeur de l'amplitude

$$(24) \qquad a = \frac{2}{3}\frac{e}{E_e}\rho.$$

L'amplitude de la vibration est ainsi égale aux deux tiers du produit du rapport de la dépression e à l'élasticité E_e *du milieu ambiant, multipliée par le rayon de la sphère ou atmosphère centrale.*

Il convient de rappeler ici que, par suite de la perte d'énergie intérieure de l'atmosphère moléculaire, centre de dépression, la vibration, tout en gardant l'amplitude a, ne reste pas pendulaire, ou à phases égales pour le mouvement de contraction et pour le mouvement de dilatation. Cette perte constante d'énergie met l'atmosphère centrale dans un état de dépression sur le milieu ambiant, d'une quantité dont la valeur moyenne a été représentée par e; la vitesse de la vibration se trouve alors accélérée pendant la phase de compression et retardée pendant la phase de dilatation. L'excès du travail développé par la phase de compression, sur la phase de dilatation, représenté par $2ae$, vient alors, comme on l'a vu précédemment, compenser régulièrement la perte d'énergie intérieure $P(t+t')$, qui répond à la durée d'une vibration complète. L'état d'équilibre dynamique de l'atmosphère centrale se trouve ainsi assuré d'une manière permanente et en harmonie avec l'état des tensions de l'éther ambiant, à la surface de contact des milieux.

c. Durée de la vibration. — La vibration de la sphère centrale, de même que l'ondulation correspondante, comprend deux phases de périodes inégales, la phase de compression d'une durée représentée par t et la phase de dilatation d'une durée t'.

Le temps $t+t'$ de la vibration ou de l'ondulation complète sera donné par la relation posée précédemment $\frac{2a}{t+t'} = U_\rho$, de laquelle on déduit

$$(25) \qquad t+t' = \frac{2a}{U_\rho},$$

ou bien encore en remplaçant a et U_ρ par leurs valeurs analytiques

$$(26)\qquad t+t'=\frac{P}{3\pi E}\frac{1}{U_1^2}\rho.$$

Le terme U_1, qui est la vitesse moyenne dans l'hypothèse d'un rayon égal à l'unité, est une constante ne dépendant que de la nature du milieu et dont la valeur analytique est la suivante :

$$(23)\qquad U_1=\frac{3}{2}\frac{K}{C_1}\cdot\frac{C_1 H}{3\lambda E}.$$

Nous aurons une seconde relation analytique, dans laquelle entreront les variables t et t', en exprimant la condition que, dans l'état d'équilibre des milieux, l'excès d'énergie développée par les ondulations longitudinales qui répondent à la phase de compression de la vibration, sur l'énergie correspondante, pour la phase de dilatation, doit compenser la perte intérieure que subit l'atmosphère centrale pendant la durée complète de la vibration.

L'énergie différentielle de l'ensemble des ondulations longitudinales parcourant les tuyaux, au temps θ de l'ondulation comptée de l'origine de la phase de compression, a pour expression :

1° Pour la demi-onde, répondant à la phase de compression,

$$\frac{4\pi\rho^2 V_e\delta_e d\theta}{2}\left(\frac{2\pi\frac{a}{2}}{2t}\sin 2\pi\frac{\theta}{2t}\right)^2 t;$$

2° Pour la demi-onde, répondant à la phase de dilatation,

$$\frac{4\pi\rho^2 V_e\delta_e d\theta}{2}\left(\frac{2\pi\frac{a}{2}}{2t'}\sin 2\pi\frac{t'+\theta}{2t'}\right)^2 t'.$$

L'excès de travail développé à la surface de la sphère centrale par la demi-onde répondant à la phase de compression, sur la demi-onde de la phase de dilatation, devra donc satisfaire à la relation

$$\frac{4\pi\rho^2 V_e\delta_e}{2}\left(\int_0^t\frac{\pi^2 a^2}{4t}\sin^2 2\pi\frac{\theta}{2t}d\theta-\int_{t'}^{2t'}\frac{\pi^2 a^2}{4t'}\sin^2 2\pi\frac{t'+\theta}{2t'}d\theta\right)=P(t+t'),$$

qui, après intégration, devient

$$4\pi\rho^2 V_e \delta_e \frac{\pi^2 a^2}{16}\left(\frac{1}{t} - \frac{1}{t'}\right) = P(t+t'). \tag{27}$$

La valeur de a, donnée par la formule (24) $a = \frac{2}{3}\frac{e}{E}\rho$, multipliée par a, conduit à l'égalité

$$a^2 = \frac{2ae}{3E}\rho,$$

que l'on peut écrire, en remplaçant le facteur $2ae$ par son expression analytique $\frac{P(t+t')}{4\pi\rho^2}$, déduite de la formule (13),

$$a^2 = \frac{P(t+t')}{4\pi\rho^2}\frac{1}{3E}\rho.$$

Si l'on reporte cette valeur de a^2 dans la relation (27), on en déduit

$$\frac{1}{t} - \frac{1}{t'} = \frac{48}{\pi^2}\frac{E}{\sqrt{E_e\delta_e}}\frac{1}{\rho}. \tag{28}$$

En résumé, les éléments essentiels de la vibration d'une sphère, centre de pression ou de dépression, noyée dans le milieu général de l'éther, sont donnés par les relations analytiques suivantes :

$$e = \frac{P}{4\pi U_\rho}\frac{1}{\rho^2} = \frac{P}{4\pi U_1}\frac{1}{\rho}, \tag{14}$$

$$U_\rho = U_1\frac{1}{\rho} = \frac{3}{2}\frac{K}{C_{1^\circ}}\frac{C_1 H}{3\lambda E}\frac{1}{\rho}, \tag{22}$$

$$a = \frac{2}{3}\frac{e}{E}\rho, \quad \text{ou bien encore} \quad a = \frac{2}{3E}\frac{P}{4\pi U_1}\frac{1}{\rho}, \tag{24}$$

$$t + t' = \frac{P}{3\pi E_e}\frac{1}{U_1^2}\rho, \tag{26}$$

$$\frac{1}{t} - \frac{1}{t'} = \frac{48}{\pi^2}\frac{E}{\sqrt{E_e\delta_e}}\frac{1}{\rho}. \tag{28}$$

Pour les recherches qui vont suivre, on aurait pu, après avoir établi la relation (14), qui donne la valeur de la perte ou accroissement de tension e de la sphère centrale, se borner à établir la valeur analytique (22) de la vitesse moyenne de vibration U_ρ, qui entre dans l'expression de la tension e.

Nous avons cru, néanmoins, devoir produire les formules auxquelles nous étions arrivé pour les autres éléments de la vibration, à raison de l'intérêt qu'elles peuvent offrir pour des études à poursuivre sur les mêmes principes. C'est ainsi que la formule (26), par exemple, qui donne la durée totale de la vibration, pourrait être utilisée directement dans des recherches ultérieures sur les radiations électriques, lumineuses ou calorifiques. C'est une première relation analytique entre la durée de la vibration ou de l'ondulation émise par une sphère ou une molécule en vibration, et les divers éléments du système en mouvement : les propriétés essentielles de la sphère et du milieu ambiant, le rayon ρ de la sphère et l'énergie P développée par la vibration.

Lois des tensions du milieu général. — Les développements qui précèdent nous ont donné les relations nécessaires à la détermination des éléments essentiels de la vibration, que doit développer l'atmosphère centrale dans l'état d'équilibre des milieux.

L'hypothèse des tubes recouvrant la surface entière de la sphère n'a été mise en avant que pour rendre plus simple et plus facile, dans son exposé, l'analyse des conditions dans lesquelles devaient s'établir la vibration centrale, ainsi que les ondulations correspondantes dans les deux milieux, maintenus dans un état d'équilibre dynamique permanent. Abandonnant cette hypothèse pour revenir aux données premières de la question, nous supposerons que la sphère ou atmosphère centrale, développant des vibrations dans les conditions précédemment définies, est mise en communication directe avec le milieu général de l'éther.

Au lieu des ondulations longitudinales que nous avons observées dans les tubes prismatiques, la couche superficielle en vibration provoquera, dans toute l'étendue de l'éther ambiant, des ondulations sphériques isochrones. Dans l'état d'équilibre du système, l'énergie transmise de couche en couche par les ondulations sphériques gardera la même valeur qu'au point de départ; c'est-à-dire l'énergie même de la vibration, dans chacune de ses phases. Mais, dans l'étendue du milieu général, les couches de même épaisseur successivement traversées par les ondulations sphériques, augmentant de masse en raison du carré de la distance au centre de pression ou de dépression, les vitesses devront, pour répondre à une même énergie, varier, par contre, en raison inverse de cette même distance.

L'accélération, qui n'est autre que la différentielle de la vitesse par rapport au temps, suivra la même loi, quant aux distances, et, comme la densité du milieu peut être considérée comme constante sur tout le parcours de l'ondulation, il en sera de même de la force accélératrice ou de la tension du milieu en chacun de ses points, sur le parcours d'un même rayon de la sphère centrale.

Dans l'état d'équilibre, les tensions du milieu étant les mêmes à la surface de contact, l'expression

$$e = \frac{P}{4\pi U_\rho} \frac{1}{\rho^2}, \tag{14}$$

ou

$$e = \frac{P}{4\pi U_1} \frac{1}{\rho},$$

que nous avons trouvée pour la dépression moyenne de l'atmosphère moléculaire, représentera également la dépression ou la tension du milieu général à la même distance ρ du centre de l'atmosphère centrale.

Le terme U_1 par lequel, dans la seconde des formules précédentes, se trouve remplacé le produit $U_\rho \rho$ de l'expression (14), représente la vitesse de vibration à la surface de la sphère centrale d'un rayon supposé égal à l'unité; sa valeur ne dépend que de la nature des milieux et a pour expression analytique

$$U_1 = \frac{3}{2} \frac{K}{C_1} \cdot \frac{C_1 H}{3\lambda E}.$$

La relation (14) peut ainsi s'écrire

$$e = \frac{P}{4\pi U_1} \frac{1}{\rho} = \frac{P}{4\pi\left(\frac{3}{2} \frac{K}{C_1} \cdot \frac{C_1 H}{3\lambda E}\right)} \frac{1}{\rho}.$$

Dans la loi des tensions du milieu général, dont nous allons chercher à déterminer l'expression analytique, nous représenterons par e_x la tension du milieu général, à la distance x du centre de pression ou de dépression et par A_x la vitesse moyenne de l'ondulation au même point.

A la surface de contact des milieux où, pour la valeur de $x = \rho$, la tension du milieu général e_ρ, de même que la vitesse A_ρ du mouvement ondulatoire répondent à des valeurs égales pour la tension et pour la vitesse de la couche en vibration, on peut écrire, pour l'ondulation, la relation suivante :

$$e_\rho = \frac{P}{4\pi A_\rho} \frac{1}{\rho^2},$$

ou bien encore

$$e_\rho = \frac{P}{4\pi A_\rho \rho} \frac{1}{\rho}.$$

Mais les vitesses de l'ondulation variant, comme on l'a vu précédemment, en raison inverse de la distance, si l'on désigne par A_1 ou par A la vitesse de l'ondulation à l'unité de distance du centre de pression ou de dépression, on aura

$$A_\rho \rho = A,$$

et la relation ci-dessus deviendra

$$e_\rho = \frac{P}{4\pi A} \frac{1}{\rho}, \tag{29}$$

et, comme la vitesse A_ρ est égale à la vitesse U_ρ de la vibration, on a

$$A = A_\rho \rho = U_\rho \rho = U_1 = \frac{3}{2} \frac{K}{C_1 \cdot} \frac{C_1 H}{3\lambda E}$$

et, par suite,

$$e_\rho = \frac{P}{4\pi A} \frac{1}{\rho} = \frac{P}{4\pi U_1} \frac{1}{\rho}.$$

La valeur de A, *ou la vitesse de l'ondulation à l'unité de distance du centre de pression ou de dépression, est égale à* U_1 *et son expression analytique, une constante ne dépendant que de la nature des milieux et dont la formule est la suivante :*

$$A = \frac{3}{2} \frac{K}{C_1 \cdot} \frac{C_1 H}{3\lambda E}. \tag{30}$$

Les tensions du milieu général autour de la sphère centrale variant en raison inverse de la distance au centre, on a, entre la tension e_x à la distance x et la tension e_ρ à la surface de contact des milieux, le rapport

$$\frac{e_x}{e_\rho} = \frac{\rho}{x},$$

d'où l'on déduit, en remplaçant e_ρ par sa valeur donnée par la formule (29),

$$(31)\qquad e_x = \frac{P}{4\pi A}\frac{1}{\rho}\frac{\rho}{x} = \frac{P}{4\pi A}\frac{1}{x}.$$

Telle est la loi des tensions du milieu général, qui peut s'énoncer dans les termes suivants :

La tension du milieu général autour de l'atmosphère moléculaire ou plus généralement autour d'une sphère quelconque, centre de pression ou de dépression, est directement proportionnelle à l'énergie développée au centre de la sphère ou bien encore à l'énergie échangée entre les milieux dans l'unité de temps et en raison inverse de la distance au centre.

Si la sphère centrale est constituée par l'éther ou plus généralement par un gaz parfait, le facteur $\frac{C_1 H}{3\lambda E}$ est égal à l'unité. L'expression de A se réduit à

$$A = \frac{3}{2}\frac{K}{C_1},$$

et la formule générale des tensions prend la forme

$$(32)\qquad e_x = \frac{P}{4\pi\frac{3}{2}\frac{K}{C_1}}\frac{1}{x}.$$

C'est la loi des tensions trouvée directement par la méthode thermique, qui a été appliquée, en première analyse, pour le cas de l'atmosphère moléculaire assimilée à un centre de refroidissement, noyé dans le milieu général de l'éther.

A raison des applications qui seront faites ultérieurement de la présente théorie, en dehors de la recherche du principe de la gravitation, notamment pour l'étude de l'Électricité, de la Lumière et de la Chaleur, nous conserverons à la loi des tensions son expression analytique générale, donnée par la formule (31), dans laquelle A a pour valeur analytique

$$A = \frac{3}{2} \frac{K}{C_1} \cdot \frac{C_1 H}{3\lambda E}. \tag{30}$$

Corollaires. — 1° *La loi des tensions du milieu général autour d'un centre de pression ou de dépression,* donnée par la formule (32)

$$e_x = \frac{P}{4\pi A} \frac{1}{x}, \tag{31}$$

est indépendante du rayon de la sphère centrale. On peut donc, sans qu'il puisse en résulter aucune modification dans l'état d'équilibre du milieu général, faire varier à volonté le rayon de la sphère, et la supposer, en dernière analyse, réduite à son centre. C'est là une remarque importante qui trouvera son application dans l'analyse du mode d'action de toutes les forces qui agissent, par l'intermédiaire d'un milieu général homogène, comme l'éther, et à la façon d'un centre de pression ou de dépression. C'est ainsi qu'en électricité, l'action d'une sphère électrisée, noyée dans un diélectrique quelconque, résulte uniquement de la valeur de la charge.

2° *Au contact de l'atmosphère moléculaire,* où la valeur de x est égale à ρ, *la tension e_ρ du milieu général résulte de l'égalité*

$$e_\rho = \frac{P}{4\pi A} \frac{1}{\rho}.$$

Le rayon ρ est de l'ordre de grandeur de la molécule matérielle, c'est-à-dire excessivement petit, de telle sorte que la valeur de la tension e_ρ est relativement très considérable, comparée à la valeur du terme $\frac{P}{4\pi A}$, qui, dépendant directement de l'élasticité de l'éther, peut avoir, même pour un volume relativement très faible de l'atmosphère centrale, une valeur très appréciable.

Mais la tension du milieu autour de l'atmosphère centrale va en diminuant très rapidement avec la distance. La tension d'un point situé à la distance x du centre de la molécule matérielle, comparée à la tension e_ρ, à la surface de l'atmosphère moléculaire, est donnée, en effet, par la relation

$$\frac{e_x}{e_\rho} = \frac{\rho}{x}.$$

Ainsi, à mesure que la distance x augmente, la tension e_x diminue en raison de l'évaluation de cette distance comptée en rayons de l'atmosphère moléculaire. Pour les distances intermoléculaires, qui sont d'un ordre de grandeur supérieur à celui de la molécule matérielle, la valeur de e_x se trouve donc déjà réduite dans des proportions considérables ; elle devra descendre encore d'un degré, pour des longueurs appréciables à nos mesures ordinaires.

En définitive, la valeur de la tension du milieu général, qui, au contact de l'atmosphère moléculaire, peut avoir une valeur absolue d'une réelle importance, se trouve réduite déjà à de très minimes proportions aux distances moléculaires et peut être considérée comme négligeable, si elle se trouve en regard de l'élasticité normale de l'éther.

Or, la loi des tensions du milieu général autour de la molécule matérielle, centre de dépression, ne dépendant, aux termes de la théorie précédente, que de la valeur absolue de l'élasticité du milieu ambiant, d'une part, et, de l'autre, de la perte d'énergie intérieure dans l'unité de temps, on peut en conclure que *l'action d'une molécule matérielle sur l'état d'équilibre du milieu général de l'éther ambiant, est relativement indépendante de l'action des autres molécules noyées dans le même milieu et situées à des distances appréciables, voire même aux distances intermoléculaires.* C'est là une conclusion qui trouvera sa confirmation dans le fait de la constance des poids atomiques, au milieu de toutes les transformations physiques ou chimiques, dans lesquelles les molécules peuvent se trouver engagées.

3° La loi des tensions du milieu général de l'éther autour d'une sphère, centre de pression ou de dépression, est donnée par la relation

$$e_x = \frac{P}{4\pi A} \frac{1}{x}. \tag{31}$$

Les vitesses de l'ondulation, variant en raison inverse des distances x au centre de pression ou de dépression, la vitesse moyenne A, à l'unité de distance, peut être remplacée par le produit $A_x x$ et la relation devient

$$e_x = \frac{P}{4\pi A_x} \frac{1}{x^2},$$

ou bien encore

$$4\pi x^2 e_x A_x = P.$$

Si la vitesse A_x de l'ondulation dans chacune de ses phases n'était pas modifiée par l'état de pression ou de dépression de la sphère centrale, le premier membre de cette égalité représenterait l'énergie développée dans l'unité de temps par l'ondulation, à la surface de l'anneau sphérique de rayon x. Mais, comme on l'a établi précédemment, l'état de pression ou de dépression de la sphère centrale, par rapport au milieu ambiant, donne lieu à une accélération relative de vitesse de la phase de dilatation de la vibration de la sphère dans le premier cas, et, au contraire, de la phase de compression si la sphère est en dépression. Cette modification dans les vitesses de la vibration se reporte sur les vitesses de l'ondulation, pour chacune des phases correspondantes.

Les augmentations ou diminutions des vitesses répondent, dans chacun des milieux, à des mouvements de masse, qui modifient les énergies ou forces vives développées par chacune des phases de la vibration ou de l'ondulation. Suivant que la sphère agit comme centre de pression ou de dépression, l'excès d'énergie de la phase de dilatation sur la phase de compression, ou inversement, fait compensation au gain ou à la perte constante d'énergie centrale. L'ondulation, qui se prolonge dans toute l'étendue du milieu ambiant, développe les mêmes énergies que la vibration dans chacune de ses phases, de telle sorte que si l'on suppose, au centre de la sphère, un gain ou une perte constante d'énergie, le milieu général devient, d'autre part, le siège d'un flux permanent d'énergie partant de la sphère et s'étendant dans toute la profondeur du milieu ambiant, ou inversement, prenant son origine aux limites extrêmes du milieu général et venant aboutir à la surface de la sphère. Ce flux d'énergie, qui maintient l'état d'équilibre dynamique des milieux, répond exactement au flux de chaleur qui, dans la théorie de l'équilibre thermique de l'atmosphère moléculaire, considérée comme centre de refroidissement, vient, des limites extrêmes du milieu général ambiant, se concentrer sur la molécule et faire équilibre à la perte constante de chaleur subie par l'atmosphère centrale.

Ce flux d'énergie, de même que le flux de chaleur, devant, sur son trajet, avoir la même valeur, alors que l'étendue des couches sphériques traversées va en augmentant autour du centre de pression ou de dépression, comme le carré des distances, *son intensité, par mètre carré de surface, varie en raison inverse du carré de ces mêmes distances* et tend vers zéro, si l'on admet que le rayon de l'anneau sphérique considéré tend lui-même vers l'infini.

Généralisation de la formule dans le cas où il n'y a pas de transport d'énergie. — Dans les recherches qui précèdent sur l'état d'équilibre du milieu général de l'éther, autour de la molécule matérielle, on a considéré, comme un fait d'expérience avec toutes les conséquences qui peuvent s'en déduire, l'hypothèse de Fresnel, de la constitution, autour de la molécule matérielle, d'une atmosphère d'éther condensé, en équilibre de tension avec le milieu général ambiant, dans lequel elle se meut librement, et l'on a reconnu, tout d'abord, que, dans ces conditions, l'état d'équilibre permanent entre les milieux comportait nécessairement une perte constante d'énergie au centre de l'atmosphère moléculaire; que celle-ci constituait dès lors, dans le milieu général de l'éther, un centre de dépression et, par suite, un centre d'attraction vers lequel devaient tendre à converger toutes les autres molécules noyées dans le même milieu. L'état d'équilibre des milieux ainsi constitué suppose, dans toute l'étendue du milieu ambiant, un flux permanent d'énergie venant aboutir au centre de la sphère centrale ou partant de ce centre pour s'étendre jusqu'aux limites extrêmes du milieu général et répondant exactement à la perte ou au gain du centre d'action, dont l'état permanent d'équilibre se trouve ainsi régulièrement maintenu.

Mais la loi de variation des tensions, telle qu'elle a été établie précédemment, ne suppose pas nécessairement une perte constante d'énergie intérieure. Une sphère, qui renfermerait de l'éther condensé ou dilaté qu'elle transporterait avec elle, constituerait, comme l'atmosphère moléculaire, un centre de pression ou de dépression, se mettant dans le vide, en équilibre avec le milieu général ambiant, sans qu'il y ait ni perte, ni gain d'énergie intérieure. On aura l'occasion de revenir sur cette question dans l'étude de l'Électricité.

IV. — EXPRESSION ANALYTIQUE DE LA LOI DE LA GRAVITATION.

Action réciproque de deux molécules. — La loi des tensions du milieu général de l'éther autour de la molécule matérielle, centre de dépression, a pour expression

$$e_x = \frac{P}{4\pi A}\frac{1}{x}, \tag{31}$$

dont la valeur des termes a été donnée, pour chacune des hypothèses que l'on a été amené à formuler dans l'analyse précédente.

La tension en un point donné du milieu général n'est autre chose que la perte d'élasticité du milieu résultant de l'action dépressive de la molécule, de telle sorte que, si l'on représente par E l'élasticité normale de l'éther, la force élastique du milieu en un point situé à la distance x du centre de dépression aura pour valeur

$$E - e_x = E - \frac{P}{4\pi A}\frac{1}{x}.$$

Les variations de l'élasticité du milieu ne sont autres que les variations de la tension donnée par la formule (31) et impliquent des variations égales pour la pression élastique exercée par le milieu aux différents points d'une molécule quelconque qui y est immergée. L'impulsion que cette molécule reçoit du milieu soumis à l'action dépressive de la molécule centrale est la résultante des pressions exercées sur les différents points de sa surface, en vertu de la loi des tensions précédemment déterminée.

C'est cette résultante que nous nous proposons de calculer tout d'abord pour en déduire ensuite la formule analytique de la force gravifique entre deux molécules quelconques noyées dans le milieu général de l'éther. Nous examinerons ensuite les conséquences à tirer de la comparaison des formules analytiques de la gravitation avec l'expression de la loi expérimentale de Newton.

Atmosphère d'éther condensé autour de la molécule. — Considérons au point O la molécule m entourée de son atmosphère de rayon ρ, centre de dépression, et au point O', située à une distance OO' au moins égale à une distance intermoléculaire, une autre molécule m' entourée également de son atmosphère d'éther condensé de rayon ρ'.

Les dimensions des molécules matérielles et de leurs atmosphères sont d'un ordre de grandeur infinitésimal par rapport aux distances moléculaires. Nous sommes donc obligés d'exagérer, dans le tracé graphique du système, les dimensions des molécules matérielles par rapport à la distance qui les sépare, mais sans détriment pour les conclusions résultant de leur propre grandeur.

Les couches d'égale tension dont est formé, dans son état d'équilibre spécial, le milieu général autour de la molécule m, centre de dépression, détermine sur la surface supposée sphérique de la molécule m' noyée dans son sein et perpendiculairement à la ligne des centres OO′, des zones parallèles entre elles pour chacune desquelles, en leur supposant une épaisseur suffisamment petite, la pression du milieu, variable d'une zone à la suivante, peut être considérée comme constante sur toute l'étendue de la superficie.

Considérons (*fig.* 1) deux zones symétriques par rapport à la zone équatoriale AA′ et, par conséquent, d'égales dimensions. Soient ω et $\omega + d\omega$ les angles formés de part et d'autre de l'équateur par les rayons vecteurs de leurs bases; leurs éléments constitutifs seront déterminés comme il suit :

Les distances au centre O′ de la molécule m',

$$O'h = O'h_1 = \rho' \sin\omega;$$

Les distances au centre O de la molécule m

$$Oh = l + \rho' \sin\omega \qquad \text{et} \qquad Oh_1 = l - \rho' \sin\omega;$$

Les diamètres

$$ss' = s_1 s'_1 = 2\rho' \cos\omega;$$

Les arêtes ou la valeur de l'arc de méridien compris entre les deux bases

$$s\sigma = s_1 \sigma_1 = \rho' \, d\omega;$$

La surface de chacune des zones, égale au produit de l'arête par la circonférence de la moyenne des bases

$$ds = \rho' \, d\omega \, 2\pi\rho' \cos\omega = 2\pi\rho'^2 \cos\omega \, d\omega. \tag{32 bis}$$

La pression du milieu sur chacun des éléments de la zone considérée est, comme la tension du milieu, fonction de la distance $x = s\text{O}$ de cet élément au centre de la molécule m. Mais cette distance $s\text{O}$ ne diffère pas sensiblement de la perpendiculaire $\text{O}h$ menée du point O au centre de la base de la zone. On a, en effet,

$$s\text{O} = \frac{\text{O}h}{\cos s\text{O}h},$$

et, comme le rayon ρ' de l'atmosphère moléculaire et, *a fortiori*, le

Fig. 1.

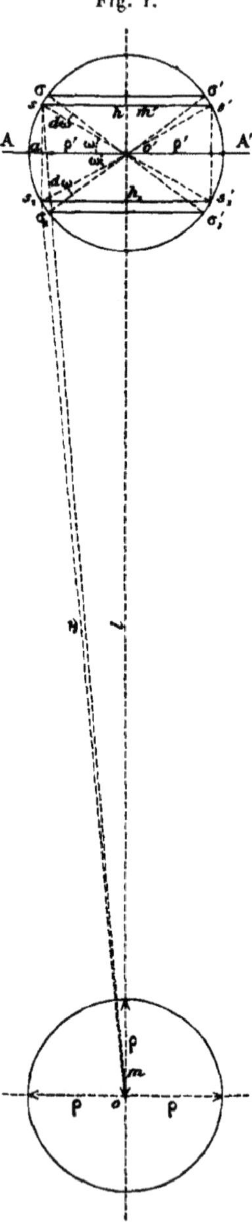

rayon sh de la base de la zone est infiniment petit par rapport à la distance Oh, l'angle sOh est lui-même infiniment petit et son $\cos sOh$ peut être regardé comme égal à l'unité. On peut donc écrire

$$sO = Oh = l + \rho' \sin\omega,$$

et pareillement

$$s_1 O = Oh_1 = l - \rho' \sin\omega,$$

et, dès lors, les pressions du milieu sur les éléments des deux zones considérées sont respectivement par unité de surface :

Pour la zone supérieure

$$E_s = E - e_s = E - \frac{P}{4\pi A} \frac{1}{l + \rho' \sin\omega},$$

et pour la zone inférieure

$$E_{s_1} = E - e_{s_1} = E - \frac{P}{4\pi A} \frac{1}{l - \rho' \sin\omega}.$$

La pression E_s, qui s'exerce normalement à la surface sur chacun des éléments de la zone supérieure, se décompose en deux autres forces ou pressions perpendiculaires entre elles : l'une suivant sh, qui a pour valeur $E_\rho \cos\omega$, sera détruite par la composante de même valeur et de sens contraire de la pression exercée sur l'élément symétrique située à l'autre extrémité du rayon de la même zone. Reste l'autre composante suivant ss_1 qui a pour valeur

$$E_s \sin\omega = \left(E - \frac{P}{4\pi A} \frac{1}{l + \rho' \sin\omega}\right) \sin\omega,$$

et qui se compose par différence avec la composante semblable et de sens opposé de la zone inférieure dont la valeur a pour expression

$$E_{s_1} \sin\omega = \left(E - \frac{P}{4\pi A} \frac{1}{l - \rho' \sin\omega}\right) \sin\omega,$$

d'où la résultante des deux composantes donnée par la relation

$$(E_s - E_{s_1}) \sin\omega = \frac{P}{4\pi A} \sin\omega \left(\frac{1}{l - \rho' \sin\omega} - \frac{1}{l + \rho' \sin\omega}\right) = \frac{P}{4\pi A} \frac{2\rho' \sin^2\omega}{l^2 - \rho'^2 \sin^2\omega}.$$

Multipliant cette valeur de la pression par la surface commune (32 *bis*) des deux zones, découpées sur la surface de la molécule à la même distance de l'équateur AA', on a pour résultante de la pression du milieu général sur ces zones

$$dF' = \frac{P}{4\pi A}\,\frac{2\rho'\sin^2\omega}{l^2-\rho'^2\sin^2\omega}\,2\pi\rho'^2\cos\omega\,d\omega = \frac{P}{A}\,\frac{\rho'^3\sin^2\omega\cos\omega\,d\omega}{l^2-\rho'^2\sin^2\omega}.$$

Au dénominateur $(l^2-\rho'^2\sin^2\omega)$ du second membre de l'égalité figure le terme $\rho'^2\sin^2\omega$ qui, à raison du facteur ρ'^2, infiniment petit par rapport à l'autre terme l^2, peut être négligé. La valeur de dF' devient ainsi

$$dF' = \frac{P}{A}\,\frac{\rho'^3}{l^2}\sin^2\omega\cos\omega\,d\omega.$$

L'intégrale prise de O à $\frac{\pi}{2}$ donnera l'impulsion totale sur l'ensemble des zones ou sur la surface entière de l'atmosphère moléculaire

$$F' = \frac{P\rho'^3}{A l^2}\int_0^{\frac{\pi}{2}}\sin^2\omega\cos\omega\,d\omega = \frac{P\rho'^3}{A l^2}\int_0^{\frac{\pi}{2}} d\left(\frac{1}{3}\sin^3\omega\right) = \frac{P\rho'^3}{A l^2}\,\frac{1}{3} = \frac{1}{3A}\,\frac{P\rho'^3}{l^2}.$$

La valeur de la force F' avec laquelle la molécule m' est poussée par le milieu dans la direction de la molécule m, ou, en d'autres termes, l'action gravifique de la molécule m sur la molécule m', a pour expression analytique

$$F' = \frac{1}{3A}\,\frac{P\rho'^3}{l^2}. \tag{33}$$

L'intensité de la force d'attraction de la molécule m' par la molécule m est ainsi directement proportionnelle à la perte d'énergie P *de l'atmosphère d'éther condensé de la molécule m et au cube du rayon, et, par suite, au volume de l'atmosphère enveloppant la molécule m', et, d'autre part, varie en raison inverse du carré de la distance des deux molécules.*

Dans l'état d'équilibre des milieux, la molécule m' entourée de son atmosphère de rayon ρ' soumise à une perte d'énergie centrale représentée par P', exerce à son tour une action dépressive sur le milieu général ambiant, de laquelle on peut conclure, par la même série de raisonnements, à une impulsion gravifique exercée sur la molécule m dont la valeur a pour expression

$$F = \frac{1}{3A} \frac{P' \rho^3}{l^2}. \tag{34}$$

Ces deux forces F′ et F, qui résultent de la réciprocité d'action exercée l'une sur l'autre par les molécules m et m' noyées dans le milieu général de l'éther, sont égales en vertu du principe général de l'égalité de l'action et de la réaction dans les phénomènes de la Nature. On peut donc écrire

$$F = F',$$

ou bien

$$\frac{1}{3A} \frac{P \rho'^3}{l^2} = \frac{1}{3A} \frac{P' \rho^3}{l^2},$$

d'où l'on tire

$$P \rho'^3 = P' \rho^3$$

ou

$$\frac{P}{\rho^3} = \frac{P'}{\rho'^3}.$$

Cette relation est générale et applicable à toutes les molécules élémentaires pondérables en action les unes sur les autres par l'intermédiaire du milieu général de l'éther dans lequel elles sont noyées. Si l'on représente par μ_ρ ce rapport constant entre la valeur de P et le cube du rayon ρ de l'atmosphère moléculaire correspondante, on a l'égalité

$$\frac{P}{\rho^3} = \frac{P'}{\rho'^3} = \frac{P''}{\rho''^3} = \ldots = \mu_\rho, \tag{35}$$

ou bien encore en multipliant chacun des termes de l'égalité par $\frac{1}{\frac{4}{3}\pi}$, et représentant, par V, V′, V″, ..., les volumes des atmosphères moléculaires

$$\frac{P}{V} = \frac{P'}{V'} = \frac{P''}{V''} = \ldots = \frac{3\mu_\rho}{4\pi}. \tag{36}$$

Cette relation de condition établit que *les pertes d'énergie intérieures éprouvées par les atmosphères d'éther condensé qui enveloppent les molécules pondérables sont proportionnelles aux cubes des rayons, et, par suite, aux volumes de ces atmosphères.*

Si l'on remplace, dans les expressions analytiques de F ou de F′, les facteurs P ou P′ par leurs valeurs en fonction de ρ^3 ou de ρ'^3 tirées de la relation de condition (35), il vient

$$(37) \qquad F = F' = \frac{\mu_\rho}{3A} \frac{\rho^3 \rho'^3}{l^2};$$

de même, en prenant dans l'égalité (36) les valeurs relatives de P ou de P′ en fonction de V ou de V′

$$(37 \textit{ bis}) \qquad F = F' = \frac{3\mu_\rho}{4\pi^2 A} \frac{VV'}{l^2} = \varphi_\rho \frac{VV'}{l^2},$$

en posant la constante $\varphi_\rho = \frac{3\mu_\rho}{4\pi^2 A}$.

On obtiendra également les valeurs des forces F et F′, en fonction des pertes d'énergie intérieures P et P′ des atmosphères moléculaires, en remplaçant, dans l'expression analytique ci-dessus (37 *bis*), V et V′ par les valeurs correspondantes déduites de la relation de condition (36). On trouve ainsi

$$(38) \qquad F = F' = \frac{1}{3A\mu_\rho} \frac{PP'}{l^2} = \chi_\rho \frac{PP'}{l^2}.$$

Ces formules analytiques de la force de la gravitation entre les molécules m et m' peuvent se traduire, comme il suit, en langage ordinaire :

Deux molécules matérielles, noyées dans le milieu général de l'éther, sont poussées l'une vers l'autre comme si elles s'attiraient mutuellement avec une force qui, d'une part, est directement proportionnelle soit au produit des volumes, soit au produit des pertes d'énergie intérieure de leurs atmosphères d'éther condensé, et, d'autre part, varie en raison inverse du carré des distances.

De la loi analytique de la gravitation ainsi formulée, rapprochée de l'expression de la loi expérimentale de Newton, il ressort directement que, dans l'hypothèse de Fresnel, le volume de l'atmosphère moléculaire ou bien encore sa perte d'énergie intérieure doit être proportionnelle à la masse de la molécule. Cette proportionnalité admise, les deux lois se trouvent en parfait accord en ce qui concerne l'intensité comme la direction de la force gravifique se développant entre deux molécules élémentaires : *Cette force agit suivant la ligne des centres dans le sens du rapprochement des molécules ; elle est proportionnelle au volume des atmosphères moléculaires ou aux pertes d'énergie que ces atmosphères subissent intérieurement ou bien encore aux masses des molécules, suivant les termes de la loi newtonienne ; son intensité varie en raison inverse du carré des distances.*

Pour la détermination de la valeur analytique de l'impulsion que la molécule m' reçoit du milieu général ambiant en vertu de l'action dépressive de la molécule m, on a admis que la loi des tensions autour de cette molécule était donnée par la relation

$$e_x = \frac{P}{4\pi A}\frac{1}{x}, \tag{31}$$

qu'on peut mettre sous la forme

$$e_x = e\frac{\rho}{x},$$

le coefficient e représentant la valeur de la dépression de l'atmosphère moléculaire sur l'éther ambiant, doué, comme dans son état d'équilibre normal, d'une élasticité E. On a donc fait abstraction de la perte d'élasticité que peut subir le milieu général, dans la région occupée par la molécule m par le fait de l'action dépressive de la molécule m' qui constitue elle-même, avec l'atmosphère d'éther condensé dont elle est entourée, un centre de dépression sur le milieu général ambiant. Or, dans l'analyse de l'état d'équilibre d'un milieu homogène indéfini autour d'un centre de dépression qui a donné la formule (31) ci-dessus de la loi des tensions, la différence entre l'élasticité propre du milieu général et celle du centre de dépression, soit, au cas particulier, la dépression de l'atmosphère moléculaire représentée par e, doit satisfaire à la relation exprimant que la quantité de travail développée par la vibration à la surface de contact des milieux, restitue normalement à l'atmosphère centrale la perte constante d'énergie P qu'elle subit intérieurement. Mais si, dans le voisinage de la molécule m, centre de dépression, on suppose que l'élasticité du milieu général vient à diminuer d'une manière appréciable par une cause étrangère, comme serait l'action dépressive de la molécule m', la quantité de travail de la vibration à la surface de l'atmosphère centrale ne pourra plus compenser la perte constante d'énergie intérieure P qu'autant que l'élasticité propre de cette atmosphère se sera elle-même abaissée de manière à rétablir sensiblement, entre les milieux en contact, la même différence d'élasticité que dans leur état d'équilibre premier. Il y a donc lieu d'examiner, comme justification de la marche suivie dans l'analyse de la force d'impulsion imprimée à la molécule m', si l'élasticité du milieu général de l'éther, autour de la molécule m, conserve sensiblement sa valeur normale E, ou si, au contraire, elle peut éprouver, par le fait de l'action dépressive de la molécule m', à la distance où cette molécule se trouve de la molécule m, une diminution appréciable qui donnerait lieu à une réduction de même ordre de la valeur de la dépression e de la molécule m, et, par suite, serait de nature à modifier sensiblement la loi des tensions autour de cette molécule.

Si l'on représente par l la distance entre les molécules m et m', la tension ou perte d'élasticité que l'action dépressive de la molécule m' fait éprouver au milieu général, dans la région de la molécule m, est donnée par l'expression

$$e'_l = e' \frac{\rho}{l}.$$

Or, on sait que les dimensions des molécules matérielles, comme celles de leurs atmosphères, sont infinitésimales ou du moins d'un ordre de grandeur inférieur à celui des distances intramoléculaires, les moindres que l'on ait à considérer dans une étude de la loi de la gravitation. Le facteur $\frac{\rho'}{l}$, dans l'expression précédente, est donc infiniment petit et la valeur de la fonction, ou la perte d'élasticité e'_l du milieu, devient elle-même infinitésimale ou négligeable par rapport à l'autre facteur e', représentant la dépression de la molécule m'. Les dépressions des atmosphères moléculaires étant nécessairement des quantités de même ordre, pour toutes les molécules, on est en droit de conclure des considérations qui précèdent, que la perte d'élasticité e'_l, que le milieu général peut éprouver à la distance l, où se trouve la molécule m', est un infiniment petit ou une quantité négligeable par rapport à la valeur e de la molécule m, de laquelle dépend directement la loi des tensions autour de cette molécule.

Ce que l'on vient d'établir relativement au défaut d'influence appréciable de la molécule m' sur l'état des tensions autour de la molécule m, peut s'appliquer inversement à la molécule m par rapport à l'état des tensions autour de la molécule m', et plus généralement à deux molécules quelconques en présence dans le milieu général de l'éther, et séparées, comme les molécules m et m', par des distances égales ou supérieures à l'ordre de grandeur des distances intramoléculaires. L'état des tensions autour de chaque molécule s'établit donc sensiblement dans les mêmes conditions que si cette molécule était seule ou isolée dans l'étendue du milieu général, doué de son élasticité normale E.

Des considérations qui précèdent ont peut conclure également que, comme l'avait reconnu Newton, la gravité, qui s'exerce directement entre les molécules élémentaires des corps pondérables, se développe entre deux molécules quelconques, en dehors de toute influence de la part des autres molécules, ou, en d'autres termes, comme si ces deux molécules étaient seules dans le monde.

Les formules analytiques de la gravitation supposent donc les dimensions des molécules élémentaires infiniment petites, par rapport aux distances où elles sont les unes des autres, et particulièrement aux distances intramoléculaires, les plus petites que l'on ait à considérer dans la constitution des corps, comme dans les applications de la loi de la gravitation universelle. Dans ces conditions, l'état des tensions du milieu général se développe librement autour de chaque molécule, centre de dépression, comme si la molécule était isolée et l'éther ambiant, dans son état d'élasticité normale.

Loi expérimentale de Newton et formules analytiques de la gravitation. — La loi expérimentale de la gravitation donnée par Newton peut s'énoncer dans les termes suivants :

Deux molécules matérielles tendent à s'avancer l'une vers l'autre, comme si elles s'attiraient proportionnellement au produit des masses et en raison inverse du carré des distances.

Elle a pour expression arithmétique

$$F = f\frac{MM'}{l^2}, \tag{39}$$

en désignant par M et M' les masses des molécules en présence et par l la distance des centres. Le coefficient f est la constante gravifique, c'est-à-dire la valeur de la force d'attraction de deux molécules, dont les masses seraient égales à l'unité et dont la distance des centres serait égale à 1.

Les expressions analytiques de la gravitation données précédemment se prêtent à un facile rapprochement entre les déductions théoriques et les données de la loi expérimentale : en tête de chaque formule analytique, comme dans l'expression de la loi de Newton, un coefficient représentant la constante gravifique correspondante; en dénominateur, le carré des distances, qui met en évidence la loi de variation de la force avec la distance, la même, dans toutes les hypothèses, que pour la gravitation newtonienne; enfin, comme numérateur de la fonction, le produit de deux facteurs répondant chacun à une propriété essentielle des molécules en présence et dont nous aurons à faire le rapprochement avec le produit des masses entrant dans l'expression de la loi newtonienne.

Si l'on admet l'existence d'une atmosphère d'éther condensé enveloppant la molécule, la force de la gravitation, donnée par la formule

$$F = \varphi\rho \frac{VV'}{l^2}, \tag{37 bis}$$

varie proportionnellement aux volumes des atmosphères moléculaires; d'un autre côté, aux termes de la loi expérimentale, la gravité est proportionnelle aux masses mêmes des molécules. Les volumes des atmosphères moléculaires doivent donc varier, d'une molécule à l'autre, dans le même rapport que les masses.

Le rapprochement de la formule analytique (37 *bis*) et de l'expression arithmétique (39) de la loi expérimentale donne l'égalité

$$\varphi\rho \frac{VV'}{l^2} = f \frac{MM'}{l^2}.$$

Si les deux molécules en présence sont de même masse M, et répondent, par suite, à des atmosphères moléculaires de même volume V, on déduit de la relation ci-dessus le rapport

$$\frac{V^2}{M^2} = \frac{f}{\varphi\rho}, \quad \text{d'où} \quad \frac{V}{M} = \sqrt{\frac{f}{\varphi\rho}}. \tag{40}$$

De la formule analytique

$$F = \chi_P \frac{PP'}{l^2}, \tag{41}$$

qui représente la force gravifique F, en fonction des pertes d'énergie P et P′ des atmosphères moléculaires, dans l'unité de temps, on déduit, par des calculs analogues aux précédents, la valeur du rapport constant entre la perte d'énergie P et la masse M de la molécule, savoir

$$\frac{P}{M} = \sqrt{\frac{f}{\chi_P}}. \tag{42}$$

En définitive, *si la molécule matérielle est enveloppée d'une atmosphère d'éther condensé, dans les conditions données par l'hypothèse de Fresnel, il existe un rapport constant entre le volume ou bien encore la perte d'énergie intérieure de cette atmosphère et la masse de la molécule; ce rapport est égal à l'inverse de la racine carrée du rapport de la constante gravifique de la formule analytique correspondante à la constante gravifique de la loi expérimentale de Newton.*

Ces expressions diverses de la valeur de la force de la gravitation entre deux molécules élémentaires peuvent dès lors être considérées comme identiques : on peut, en effet, à l'aide du rapport entre les constantes gravifiques, passer de l'une à l'autre de ces formules par de simples transformations de calcul.

On peut conclure de la constance du rapport entre les éléments essentiels de l'atmosphère moléculaire et la masse de la molécule matérielle, que cette atmosphère reste invariable, dans ses dimensions comme dans la valeur de sa tension élastique, comme la masse elle-même de la molécule, dont le poids atomique ne varie pas, comme on le sait, au milieu de toutes les transformations physiques ou chimiques dans lesquelles la molécule peut se trouver engagée.

Mais, de cette première conséquence, on peut en déduire une autre qui pourra donner lieu ultérieurement à une discussion spéciale, alors qu'il s'agira, par exemple, de la question complexe de la constitution moléculaire des corps pondérables, mais que nous devons nous borner ici à signaler en termes généraux et sous toutes réserves. Si la molécule matérielle reste enfermée dans une atmosphère d'éther condensé de forme invariable et de tension déterminée, elle se trouve dans l'impossibilité d'exercer par elle-même d'action mécanique autre que celle qui donne lieu à la constitution même du milieu élastique qui l'enveloppe. Dès lors, si l'on doit, en principe, rejeter toute hypothèse de forces occultes, agissant à distance, sans intermédiaire aucun, les seules propriétés de la molécule, dont il pourra être tenu compte dans l'analyse des phénomènes de la nature, devront se réduire à celles qui peuvent concourir à la formation et à la conservation de l'atmosphère invariable dont elle est entourée.

Intensité de la gravité. — Des expériences de MM. Cornu et Baille il résulte que l'attraction réciproque exercée à 1^m de distance par deux sphères de 1^{kg} chacune a pour valeur $6^{kg},659 \times 10^{-9}$, soit environ les $\frac{2}{3}$ de $0^{mg},01$, qui présente une action extrêmement faible eu égard aux masses en présence, placées à la distance de 1^m seulement compatible avec les nécessités de l'expérience.

A 1^{mm} de distance, en supposant toute la masse de chacun des corps condensée à son centre et le volume du corps réduit à un point, l'attraction, devenue 1000^2 ou 10^6 fois plus grande, serait déjà de $6^{kg},659 \times 10^{-3}$, soit $6^g\frac{2}{3}$ environ. A $0^{mm},1$, elle atteindrait $0^{kg},6659$ ou environ $\frac{2}{3}$ de kilogramme.

Ces calculs peuvent donner une idée de la rapidité avec laquelle la force de la gravitation augmente à mesure que la distance diminue, tout en restant dans les limites des grandeurs accessibles à nos mesures ordinaires.

Si de là on descend aux distances intermoléculaires, d'un ordre de grandeur de beaucoup inférieur aux distances directement appréciables, l'intensité de la gravité, comparée aux masses en action, s'accroît dans de telles proportions qu'elle atteint des valeurs qui semblent dépasser de beaucoup toute appréciation qu'on pourrait vouloir en donner *a priori*.

C'est, en effet, entre les molécules élémentaires que s'exerce directement l'action gravifique, et les distances correspondantes sont de beaucoup inférieures à celles qui séparent les molécules chimiques des corps pondérables. Or, en s'en tenant, par exemple, aux distances entre les molécules des gaz simples, tels que l'oxygène, l'hydrogène ou l'azote, on arrive déjà, pour l'intensité de la force gravifique, à des milliards de fois le poids des masses en présence [1].

La gravité atteint donc aux distances, que comporte la constitution

---

[1] Les données actuelles de la science relatives au chemin moyen parcouru par les molécules des gaz, rapprochées des conclusions et appréciations présentées par Clausius, dans son *Mémoire de la théorie mécanique de la chaleur*, permettent, sinon de déterminer la valeur exacte, du moins de se faire une idée de l'ordre de grandeur de la distance intermoléculaire dans les gaz, et, par suite, d'apprécier la valeur relative de la force gravifique entre leurs molécules constituantes.

En partant de l'expression analytique $l = \frac{3\eta}{mnu}$, qui donne la longueur moyenne du chemin parcouru par les molécules des gaz, en fonction de η, le coefficient de frottement du gaz, de mn sa masse sous l'unité de volume, et de la vitesse u de translation de ses molécules, toutes quantités déterminées expérimentalement, on a trouvé comme valeur de l, dans le système C. G. S., pour différents gaz, savoir :

	cm
Air	0,0000090
Oxygène	0,0000096
Azote	0,0000089
Hydrogène	0,0000169

Or, Clausius établit que la longueur moyenne du chemin d'une molécule est au rayon ρ de la sphère dans laquelle son action peut s'exercer, comme l'espace total occupé par le gaz est au volume réellement rempli par les sphères d'action : $\left(\frac{l}{\rho} = \frac{1}{n\frac{4}{3}\pi\rho^3}\right)$.

Puis, supposant pour préciser ou fixer les idées, que ce rapport soit égal à 1000, il trouve que le chemin l serait égal à 62 fois la valeur de la distance entre deux molécules.

Admettant ce chiffre, non sans doute comme valeur exacte, mais du moins comme appréciation générale de la grandeur du rapport de la valeur de l à la distance intermoléculaire, on trouve pour l'air, par exemple, que l'écartement des molécules serait

$$\frac{0^{\text{cm}},000009}{62},$$

soit approximativement

$$\frac{1^{\text{cm}}}{7} \times 10^{-6} = \frac{1^{\text{cm}}}{7000000}.$$

A cette distance, d'après les expériences de MM. Cornu et Baille, l'attraction de deux masses égales de 1^{kg} chacune, serait représentée par

$$6^{\text{kg}},659 \times 10^{-9}(7.10^6 \times 100)^2 = 6^{\text{kg}},659 \times 49 \times 10^7 = 3^{\text{kg}},253 \times 10^9,$$

soit plus de 3 milliards de fois la valeur ou le poids des masses en présence.

Si, pour des liquides ou des solides, on admet des distances moléculaires réduites au $\frac{1}{10}$ seulement de ce qu'elles sont dans les gaz, c'est alors par des centaines de milliards que sera représentée, en fonction des masses, la valeur de la force gravifique développée entre leurs molécules constituantes.

moléculaire des corps pondérables, des intensités relativement très considérables, en même temps qu'elle subit, dans le voisinage des centres d'action, des variations excessivement rapides, pour des accroissements ou diminutions de distance quasi-infinitésimales, comme sont les dimensions mêmes des molécules en présence.

Sous ce double rapport, la gravité offre la plus grande analogie avec les forces moléculaires, capables d'effets d'une puissance formidable, quand, sous l'influence parfois de la moindre cause, un léger choc ou même un simple frottement, provoquent un changement d'équilibre, leur action directe vient à être mise en jeu, comme il arrive dans les phénomènes de décomposition des matières explosibles.

Ce rapprochement nous semble de nature à donner d'utiles indications, au point de vue des recherches à entreprendre sur la nature et le mode d'action des forces moléculaires, qui, comme la gravité et toutes les autres forces de la nature, l'électricité, la lumière et la chaleur, trouveront, sans doute, dans l'éther la source de toutes leurs énergies.

Vitesse de propagation. — La gravitation est un phénomène primordial, résultant directement et uniquement des propriétés essentielles de la molécule matérielle élémentaire et de l'éther, constamment en présence. Son action entre deux molécules données est alors permanente et d'une intensité invariable, comme les propriétés mêmes de la matière et de l'éther; elle ne peut non plus être ni arrêtée, ni retardée dans sa marche, l'éther pénétrant sans obstacle tous les corps répandus dans la nature.

Ne pouvant ni produire, ni interrompre à volonté la gravité entre les corps, ni même en modifier le mode de transmission, aucune expérience n'a pu être entreprise pour déterminer directement sa vitesse de propagation, comme on a pu le faire pour la lumière ou pour le son.

On s'est trouvé réduit à chercher dans les mouvements célestes, des différences accidentelles pouvant résulter de la gravité. Mais il n'a pas été possible, jusqu'à présent, de saisir de différences appréciables et de rien conclure de positif, relativement à la détermination de la vitesse de l'action gravifique.

Les seules données que l'on ait sur la question sont celles qui résultent des calculs de Laplace sur les variations séculaires des mouvements de la Lune. Pour que la gravité ne puisse exercer aucune influence sensible sur ces mouvements, Laplace établit que sa vitesse de propagation doit dépasser 50 millions de fois la vitesse de la lumière, qui atteint 300000^{km} par seconde, et ce n'est là, dans la théorie de Laplace, qu'un minimum pouvant être dépassé, au point de rendre pratiquement admissible l'instantanéité de la propagation gravifique.

Dans les termes de la théorie analytique de la Gravitation précédemment développée, la propagation du mouvement de vibration moléculaire, répondant à l'action gravifique, doit s'opérer, dans le milieu général ambiant, par des ondulations sphériques, dont la vitesse V serait donnée par la formule de Laplace $V = \sqrt{\frac{E}{\delta}}$, dans laquelle E représente l'élasticité de l'éther, et δ sa densité. Ces constantes pourront, sans doute, être déterminées un jour par l'expérience, rapprochées des données des formules analytiques, mais, pour le moment, on doit s'en tenir aux indications sommaires que l'on vient de rappeler.

Indépendance absolue de l'action gravifique, — La gravité s'exerce entre les molécules et les éléments premiers des corps et dans des conditions telles que l'action entre deux molécules quelconques ne se trouve en rien influencée par la présence des autres molécules. Ainsi que l'a fait observer Newton, la loi du produit des masses est une conséquence directe de ce fait; chacun des éléments d'une masse M agissant sur chacun des éléments d'une autre masse M', comme si ces éléments étaient seuls, les effets s'ajoutent sans aucune modification, et c'est ainsi que la résultante finale est exactement égale à la somme des actions élémentaires entre les masses en présence.

Quant aux agents physiques ou chimiques, qui naissent de la réciprocité d'action des molécules les unes sur les autres, en vertu des énergies dont ces molécules peuvent être douées, ils sont également sans influence sur l'action de la gravité. La chaleur peut modifier le volume et l'état des corps, les faire passer de l'état solide à l'état liquide ou gazeux; la lumière, le magnétisme, l'électricité leur communiquer des propriétés spéciales; les agents chimiques les engager dans des combinaisons nouvelles; une seule chose reste invariable, au milieu de toutes ces métamorphoses, la loi de la Gravitation entre les molécules élémentaires répandues dans le monde, avec toutes ses conséquences, la constance des poids atomiques, par exemple, à la surface de la Terre. La parfaite régularité des mouvements, dans notre système planétaire, comme dans l'équilibre des Mondes, au milieu des transformations que peuvent subir leurs éléments divers dans leur constitution intime, est elle-même une conséquence de cette indépendance absolue de l'action gravifique entre les molécules élémentaires des corps pondérables.

L'expérience, d'accord avec la théorie, nous montre ainsi l'action gravifique entre les éléments premiers des corps absolument indépendante de tous les agents ou forces extérieures, en même temps qu'elle reste inaltérable au milieu de toutes les transformations que comportent les corps pondérables dans leur constitution intime.

L'éther. Fluide impondérable. — Le milieu général de l'éther est le principe de l'action gravifique qui s'exerce entre toutes les molécules matérielles, en même temps qu'il est la source de toutes les énergies que développent dans le monde les phénomènes de la Gravitation. Mais les atomes ou éléments premiers de l'éther restent affranchis de toute action attractive soit entre eux, soit de la part des molécules matérielles répandues dans l'Univers. *L'éther* reste donc soumis aux seules lois propres aux fluides élastiques et constitue, en réalité et dans le sens exclusif que comporte cette expression, *un fluide impondérable*.

V. — L'ÉNERGIE MÉCANIQUE CONSIDÉRÉE COMME PROCÉDANT DE L'ACTION GRAVIFIQUE. LUMIÈRE, CHALEUR, TEMPÉRATURES DES ASTRES.

Toutes les hypothèses cosmogoniques mises en avant, depuis Newton, pour expliquer le mode de formation de l'Univers, prennent la matière dans son état le plus élémentaire, telle qu'elle peut exister éparse dans le monde, ou réunie en amas nébuleux, où elle présente déjà certains caractères de concentration. Faisant alors appel à cette force universelle qui règne dans les espaces, la Gravitation, les théories diverses en font le principe de tous les mouvements qui ont réuni par groupes ces éléments épars, pour en former ces globes qui brillent dans l'immensité des cieux et se meuvent dans une admirable harmonie, avec tout le cortège des astres d'ordres inférieurs, qui gravitent autour d'eux.

Mais, aux termes de la théorie de la Gravitation, *c'est de l'éther, milieu éminemment élastique, que la molécule élémentaire reçoit directement l'impulsion* qui tend à la faire avancer vers une autre molécule ou un amas de molécules déjà formé et constituant dans le milieu ambiant un centre de dépression. C'est, dès lors, aux dépens de l'énergie potentielle de l'éther que se constitue l'énergie mécanique qui, à chaque instant, est emmagasinée par la molécule matérielle et la rend capable de produire, par elle-même, des effets dynamiques d'une puissance égale à la somme de son énergie potentielle ou cinétique.

Le milieu général de l'éther apparaît donc, tout d'abord, comme le principe et la source de toutes les énergies mécaniques qui ont mis en mouvement les molécules matérielles, pour les faire converger les unes vers les autres et constituer tous ces mondes qui nous entourent. Mais en même temps qu'ils se sont constitués en masses concentrées, ces globes se sont enflammés par le choc de leurs éléments constitutifs, une partie des énergies mécaniques, dont ils étaient animés, se transformant en énergies lumineuses et calorifiques, suivant les lois de l'équivalence, établies par la Thermodynamique. *La lumière et la chaleur se manifestent ainsi comme une transformation directe et immédiate des énergies mécaniques puisées par la matière dans le milieu général de l'éther.*

Mais tous ces soleils, qui apparaissent ainsi dans l'étendue de l'Univers, sous l'action des forces gravifiques, se sont trouvés en même temps constitués physiquement et chimiquement, dans les conditions où ils se révèlent à nous dans l'analyse spectrale de leurs rayons lumineux. *Les forces nécessaires à la constitution moléculaire des corps pondérables, dans toute l'étendue du domaine du monde inorganique, semblent donc devoir également se rattacher directement au choc des molécules élémentaires sous l'impulsion mécanique du milieu général de l'éther.* Cette dernière observation, pour être admise en principe, devra, toutefois, se trouver ultérieurement confirmée par une étude analytique, analogue à celle de la Thermodynamique pour la Chaleur et la Lumière.

Nous venons de voir la Gravité s'exerçant à distance, entre la molécule et les corps pondérables, présider à la formation de l'Univers; mais tous les globes dont il se compose, une fois formés, l'action de la Gravité se poursuit entre leurs éléments constituants pour en assurer la conservation et, en même temps, maintenir entre eux ces échanges d'énergie, qui sont le principe de l'admirable harmonie qu'ils offrent dans leur ensemble, en même temps que la condition nécessaire au développement de la vie à leur surface, sous quelque forme qu'elle se présente.

La connaissance que nous avons du développement de la force gravifique, entre les éléments premiers des corps, nous permet d'étudier cette action intime qu'exercent, les unes sur les autres, les molécules constitutives d'un même corps et d'en déduire des conséquences générales, sur lesquelles il paraît intéressant de s'arrêter.

Rappelons, tout d'abord, que l'état des tensions du milieu général de l'éther, autour d'une molécule déterminée, dépend uniquement de la nature de cette molécule ou mieux encore de la valeur de son action dépressive, et que l'intensité de la Gravité entre deux molécules quelconques est absolument indépendante des autres molécules, situées aux distance intramoléculaires ou à des distances supérieures. C'est là un principe fondamental du phénomène de la Gravitation et qui subsiste intégralement quel que puisse être l'état de repos ou de mouvement, ou bien encore le mode de groupement des molécules noyées, comme les deux molécules considérées, dans le milieu général de l'éther. Ce principe doit recevoir son application pour les molécules d'un même corps, de même pour celles qui constituent des corps distincts, comme le Soleil et la Terre, par exemple, dont la gravité réciproque ne peut être atteinte par le fait des compositions ou décompositions chimiques, dont ils sont le siège.

Si nous prenons maintenant un corps de forme sphérique, que nous considérerons comme formé de calottes sphériques homogènes superposées et de même épaisseur, l'action de la gravité de la sphère entière, sur une molécule appartenant à l'une de ces calottes sphériques, sera la même que si la masse entière du noyau central se trouvait réunie ou condensée au centre de la sphère. Sous l'action de ces forces convergentes, chacun des anneaux sphériques et, par suite, la sphère élastique tout entière tendra à se comprimer, mais elle réagira ensuite, en vertu de son élasticité propre, et finira par développer des vibrations dans des conditions semblables à celles analysées pour une atmosphère moléculaire ou pour une sphère quelconque, centre de dépression, noyée dans un milieu homogène indéfini. Ces vibrations feront naître, dans l'intérieur de la masse en mouvement, des énergies thermiques qui tendront à relever la température de la sphère, en raison de l'intensité des chocs, qui seront nécessairement en rapport direct avec la masse de la sphère.

Représentons par δ la densité d'un anneau, à la distance x du centre de la sphère, et par δ' la moyenne de la densité du noyau central correspondant; l'action ou pression de la gravité sur l'ensemble de l'anneau, d'une épaisseur constante Δx, p étant la constante gravifique, sera donnée par l'expression

$$p\frac{4}{3}\pi x^3 \delta' 4\pi x^2 \Delta x \delta \frac{1}{x^2} = \frac{16\pi^2}{3} p \delta \delta' x^3 \Delta x.$$

Dans la suite des calculs, on supposera la sphère homogène sur toute son épaisseur, la formule précédente devient alors

$$\frac{16}{3}\pi^2 p \delta^2 x^3 \Delta x.$$

L'impulsion de l'action gravifique sur l'anneau considéré, ou bien encore la pression exercée par l'anneau sur le noyau central, sera, pour l'unité de surface, donnée par la valeur analytique

$$\frac{4}{3}\pi p \delta^2 x \Delta x.$$

L'impulsion gravifique, par unité de surface, est ainsi proportionnelle à la distance x de l'anneau au centre de la sphère. La valeur de l'énergie développée, dans l'unité de temps, à la surface de l'anneau central, par la vibration de l'anneau sphérique qui le recouvre, sera égale au produit de l'impulsion gravifique exercée sur l'anneau par la vitesse moyenne de la double oscillation, répondant à une vibration complète du noyau.

Représentons par l_x l'étendue de l'oscillation du noyau de rayon x, par t et par t' la durée de l'oscillation dans chaque sens, répondant l'une à la dilatation, l'autre à la contraction: le travail T_x, développé dans l'unité de temps à la surface du noyau, peut s'écrire

$$T_x = \frac{16}{3}\pi^2 p\,\delta^2 x^3 \Delta x\left(\frac{2 l_x}{t+t'}\right).$$

L'étendue de l'oscillation, si l'élasticité du milieu est la même sur toute son épaisseur, sera nécessairement proportionnelle à la valeur de la pression gravifique par unité de surface exercée par l'anneau, et, au cas particulier, proportionnelle à la distance au centre de la sphère. En représentant donc par l_1 la valeur de l'oscillation à une distance du centre égale à *un*, on pourra remplacer l_x par $l_1\,x$, dans la relation précédente, l'expression du travail T_x deviendra

$$T_x = \frac{16}{3}\pi^2 p\,\delta^2 x^4 \left(\frac{2 l_1}{t+t'}\right)\Delta x.$$

Nous représenterons, dans cette formule, le terme $\left(\frac{2 l_1}{t+t'}\right)$ par une constante B_1 dont la valeur dépendra de la densité et de l'élasticité, ou encore de la nature propre de la sphère. Le travail total θ_R, développé dans l'unité de temps, sur toute l'épaisseur de la sphère, sera donné par l'intégrale, prise de o à R, du travail différentiel T_x, se rapportant à l'anneau sphérique de rayon x, qui devient :

$$\theta_R = \int_0^R \frac{16}{3}\pi^2 p\,\delta^2 B x^4\,dx = \frac{16}{3}\,\frac{B}{\rho}\,\pi^2 p\,\delta^2 R^5.$$

Si l'on représente par M la masse de la sphère et par S sa surface, cette expression prend la forme suivante :

$$\theta_R = \frac{pB}{\rho}(4\pi R^2)\left(\frac{4}{3}\pi R^3\delta\right)\delta = \frac{pB}{\rho}\,SM\delta.$$

Pour des sphères homogènes de même rayon ou de même surface, le travail mécanique ou calorifique θ_R*, répondant à l'action gravifique intérieure, est ainsi égal au produit de la masse par la densité.*

Une sphère, dans ces conditions, se maintiendra dans un état d'équilibre thermique, si la chaleur rayonnée à sa surface devient égale à celle qu'elle reçoit intérieurement de l'action gravifique de ses molécules constituantes. Or, la quantité de chaleur rayonnée par la sphère sera donnée par le produit de sa superficie S, par sa température T à la surface et par la valeur du coefficient de rayonnement ou pouvoir émissif I. L'état d'équilibre de la sphère, si l'on représente par H l'équivalent mécanique de la chaleur, répondra donc à l'égalité suivante :

$$\frac{16}{3}\frac{B}{\rho}\pi^2 p\,\delta^2 R^5 = 4\pi R^2 \times H\,T \times I,$$

de laquelle on déduit la valeur de T :

$$T = \frac{1}{\rho}\frac{p}{H}\frac{B}{I}\delta^2\frac{4}{3}\pi R^3 = \frac{1}{\rho}\frac{p}{H}\frac{B}{I}\delta M.$$

Des sphères homogènes, ayant même élasticité et même pouvoir émissif, auront donc à la surface, dans leur état d'équilibre thermique, des températures variant en raison directe du produit des masses par la densité.

Les globes qui se forment dans l'espace, en vertu de la gravitation, doivent donc tendre vers un état de température d'autant plus élevée que leurs masses sont plus considérables et leur état de concentration plus avancé. C'est ainsi que les étoiles de première classe, dont les rayons accusent les températures les plus élevées, devront avoir les plus grandes masses, en même temps qu'elles devront être dans un état de condensation avancé et, pour la plupart, sans doute, être parvenues à leur état d'équilibre normal de température. Cette classe d'étoiles est entourée, comme on sait, d'une atmosphère hydrogénée d'une très grande épaisseur, dont les raies spectrales très accusées sont relativement très larges et estompées sur les bords, indice d'une température très élevée, en même temps que d'une forte densité sous pression considérable. Les applications qui ont pu être faites récemment de la méthode Doppfler-Fizeau à la détermination de la masse d'un certain nombre d'étoiles ont établi qu'en effet les étoiles qui appartiennent au premier type, telle que Sirius (α du Grand Chien), l'étoile α du Centaure, la plus rapprochée de nous, l'étoile β du Cocher, doivent avoir des masses doubles ou triples de la masse de notre Soleil, étoile jaune, appartenant à la deuxième classe.

Un astre en formation doit, au fur et à mesure de l'avancement du travail de concentration, s'il part de l'état de nébuleuse, passer successivement dans les classes inférieures avant de pouvoir monter, par le fait de son élévation de température et de son éclat, dans la classe supérieure. Cette conclusion, déduite des considérations qui précèdent, trouverait une première confirmation dans le changement survenu, depuis le premier siècle de l'ère chrétienne, dans la couleur et l'éclat de Sirius, qui, suivant les déclarations de Sénèque et de Ptolémée, devrait être d'une couleur rouge parfaitement accusée, se rapprochant de la teinte de la planète Mars, et qui aujourd'hui, étoile la plus brillante du ciel, figure dans la première catégorie des étoiles blanches ou bleues. L'état de condensation de Sirius aurait ainsi marché rapidement dans la dernière période de son existence, pour monter dans la première catégorie, où elle était appelée à figurer définitivement à raison de sa masse.

Si l'on cherche à se rendre compte des transformations qu'a dû subir notre propre Soleil pendant la durée des périodes géologiques, on arrive à des conclusions qui semblent également en parfait accord avec les déductions analytiques précédentes.

A l'époque houillère, le Soleil, à en juger par la nature de la végétation et par la régularité du climat de l'équateur aux pôles, devait se trouver encore dans un état de dilatation le rapprochant de l'état nébuleux, qui l'aurait fait ranger, sans doute, dans les étoiles de la dernière classe.

A la suite de cette dernière période, la température devint très élevée à la surface de la Terre : le Soleil venait de subir, sans doute, une brusque condensation, qui en avait élevé considérablement la température. Mais, après avoir ainsi brillé d'un éclat exceptionnel, il se serait refroidi sensiblement et serait descendu, à l'état d'étoile jaune, à la seconde classe, dans laquelle il se maintient sans variation nouvelle et à laquelle il semble devoir appartenir à raison de sa masse, de beaucoup inférieure à celle des étoiles de première classe citées précédemment.

C'est à la supériorité considérable de leurs masses que semblent également devoir être attribuées les différences essentielles que présentent dans leur constitution les planètes extérieures, Jupiter, Saturne, Uranus et Neptune, sur les quatre petites planètes intérieures, Mercure, Vénus, la Terre et Mars. Ces dernières sont arrivées à un état d'équilibre de température tel que le développement de la vie à la surface y paraît possible dans des conditions à peu près semblables. Il résulte, au contraire, soit d'observations directes de phénomènes se passant à la surface des planètes extérieures, soit de déductions basées sur l'analyse spectrale des rayons lumineux qu'elle nous transmettent, que ces planètes doivent se trouver encore à des températures relativement élevées et dans un état voisin de l'état chaotique. Leurs atmosphères, épaisses et d'une grande étendue, tiennent en suspension des vapeurs très lourdes, chargées de larges bandes ou nuages alignés, qui éprouvent parfois des variations rapides dénotant de violentes perturbations à la surface. Elles paraissent le siège, Jupiter notamment, de perturbations se manifestant par des taches rougeâtres, qui semblent accuser dans l'atmosphère de vastes déchirures, laissant percer la lumière de phénomènes volcaniques d'une grande puissance.

Ces planètes sont incontestablement à des températures de beaucoup supérieures à celles d'un état d'équilibre répondant à leur distance du Soleil, au point de vue de la chaleur qu'elles peuvent en recevoir par rayonnement. A la surface de Jupiter, de beaucoup la plus rapprochée, le rayonnement de l'astre central atteint à peine le $\frac{1}{23}$ de son intensité à la surface de la Terre. En somme, ces planètes se trouvent, pour ainsi dire, comme isolées dans le vide des espaces célestes. L'effet du rayonnement du Soleil à leur surface est tellement faible que l'eau ne pourrait certainement s'y trouver qu'à l'état de glace, et cependant, dans les régions supérieures des atmosphères, on constate l'existence de nuages épais, très mobiles et très variables dans leur étendue et tellement prompts à se reformer, qu'il faut admettre, à la surface des globes planétaires, des températures capables de développer la formation rapide de vapeurs abondantes.

Pour pouvoir se maintenir aux températures élevées que comporte la manifestation des phénomènes météoriques que nous venons de rappeler, il faut donc admettre que ces planètes ont, en elles-mêmes, un principe de régénération de la chaleur perdue par rayonnement. Mais c'est là précisément la conséquence à laquelle nous amène la théorie relative à l'action intérieure de la gravité s'exerçant entre les molécules constitutives des planètes considérées, dont les masses sont relativement considérables. On doit d'ailleurs ajouter que les caractères de ces manifestations de l'action gravifique intérieure sont d'autant plus accusés que les masses sont plus élevées, comme cela arrive notamment pour Jupiter et Saturne.

Pour le globe terrestre, l'action gravifique intérieure des molécules constituantes serait de nature à donner également l'explication d'un fait aujourd'hui bien établi, à savoir l'existence d'un foyer central ou plutôt d'une source intérieure et permanente de chaleur qui se manifeste par un accroissement de température avec la profondeur des couches.

Les quantités de chaleur, que les sphères célestes de tous ordres de grandeur reçoivent normalement de leur action gravifique intérieure, sont de nature à permettre ces échanges et consommations d'énergies, nécessaires à la fois au maintien de l'harmonie générale qui règne dans l'ensemble de cet Univers, et au développement de la vie sous toutes ses formes, dans l'intérieur et à la surface de chacun des globes, dont il se compose. Ces mêmes énergies rentrant régulièrement dans le réservoir commun, sous la forme d'ondulations lumineuses, électriques ou calorifiques, viennent s'y renouveler et s'y retremper, de telle sorte qu'émanant de nouveau du fluide éthérique, elle redeviennent capables de se prêter, dans les mêmes conditions qu'à l'origine, à toutes les transformations par lesquelles elles ont dû passer, dans leurs précédentes évolutions, pour la manifestation des phénomènes auxquels elles ont dû prendre part.

Le développement des phénomènes de *radioactivité,* mis en relief d'une manière spéciale par les travaux de M. Pierre Curie, n'est autre qu'une application des mêmes principes que ceux sur lesquels nous avons établi la loi de l'état d'équilibre permanent de température de tous les corps, noyés dans le milieu général de l'éther.

Un certain nombre de substances, en tête desquelles se place le *radium*, deviennent lumineuses par elles-mêmes et développent spontanément, et d'une manière permanente, des énergies lumineuses et calorifiques relativement importantes, sans perte appréciable de leur activité propre ou de leur énergie potentielle, et cela en dehors de tout concours apparent de source d'énergie étrangère. Les rayons Becquerel, émis dans des conditions analogues, par certains corps, avec des énergies suffisantes pour impressionner, par exemple, des plaques sensibles dans des conditions semblables aux rayons Rœntgen, résulteraient également de la manifestation d'énergies empruntées au milieu général ambiant, en raison des propriétés essentielles des molécules élémentaires, auxquelles se rattache la mise en jeu des actions gravifiques.

En définitive, la radioactivité ne constitue pas un phénomène particulier à certaines substances douées de propriétés spéciales, mais elle est le résultat normal des lois générales de l'équilibre des milieux pondérables, sous l'influence des actions gravifiques, qui se développent entre les molécules élémentaires et le milieu général de l'éther, dans lequel elles sont plongées. Ces phénomènes ne prennent pas toujours, sans doute, des proportions de nature à les rendre appréciables à nos observations ordinaires, le degré d'intensité qu'elles revêtent dépendant de la constitution des corps et de la nature ou plutôt de la valeur active de leurs molécules élémentaires. C'est ainsi que le *radium* et le *thorium,* qui se placent en tête de toutes les autres substances au point de vue de l'intensité de leurs propriétés radioactives, se distinguent par l'élévation tout exceptionnelle de leurs poids atomiques (240 pour le radium et 233 pour le thorium) et sans doute par un rapprochement relatif très appréciable de leurs molécules élémentaires. Il convient de remarquer en effet que le radium, dont les propriétés radioactives peuvent paraître relativement beaucoup plus accusées que ne semblerait le comporter la surélévation seule de son poids atomique, possède un spectre d'émission formé de lignes qui n'appartiennent à aucune autre substance connue, et peut ainsi se trouver constitué de molécules élémentaires ayant une puissance active relativement très élevée et, en même temps, se prêtant, dans la constitution intime du corps, à un rapprochement exceptionnel.

Les énergies développées par les corps radioactifs peuvent se porter sur les corps voisins, les rendre lumineux et permettre la réalisation de certains travaux, qui ne sauraient appartenir en propre à ces corps, en vertu des seules énergies potentielles de leurs molécules constituantes, telles que, par exemple, la décomposition de substances sensibles dans des conditions analogues à celles afférentes aux rayons cathodiques ou aux rayons Rœntgen. Ces transmissions d'énergie entre des milieux à des tensions différentes, par l'intermédiaire des radiations ou ondulations du milieu général de l'éther, sont analysées à diverses reprises dans l'étude des phénomènes généraux électriques lumineux ou calorifiques. Nous n'avons pas à y revenir au sujet des manifestations radioactives, qui ne font que mettre en évidence, d'une manière plus accusée, les déductions analytiques générales de la théorie nouvelle.

En définitive, il en serait du développement des phénomènes de la radioactivité comme de la lumière et de la chaleur permanentes des corps, et en particulier du soleil et des étoiles de diverses grandeurs, dont l'intensité du rayonnement, comme le degré d'élévation de température, est en rapport direct avec les masses et les densités ou le degré de concentration propre à chacun d'eux.

De l'ensemble des considérations qui précèdent on serait ainsi déjà amené à conclure que toutes les forces ayant concouru à la formation et à la constitution de l'Univers, comme aussi celles qui président à sa conservation, dans les conditions accusées par l'analyse et par l'observation, ont leur principe et leur origine commune dans la réciprocité d'actions qui s'exerce entre les molécules élémentaires et l'éther, d'où naît directement l'action gravifique, et que les énergies mises en jeu sont puisées directement et intégralement dans le milieu général de l'éther.

Toutes ces énergies, qui entretiennent le mouvement et la vie dans le monde de la matière, s'échangent entre les corps par contact direct ou par rayonnement. Une partie des rayons émis vont atteindre d'autres corps, avec lesquels s'opèrent des échanges dans les conditions que donne l'analyse. Les autres rayons poursuivent librement leur marche à travers le milieu général ambiant, restituant progressivement, sur leurs parcours, à la masse du fluide éthérique, les énergies dont ils sont animés.

Le milieu général de l'éther, d'où procèdent toutes les énergies actives dans les phénomènes de tous ordres, constitue donc, en même temps, le réservoir commun dans lequel viennent se retremper toutes les énergies qui en sont sorties, pour reconstituer les disponibilités nécessaires à son action régulière, continue et prépondérante, pour le développement de l'activité matérielle dans le monde.

Note présentant une synthèse de la théorie de M. Marx sur l'attraction gravifique.

En résumé, la théorie qui précède peut se concevoir comme suit, du moins dans ses grandes lignes.

La molécule matérielle constitue dans l'éther un centre de dépression permanent, c'est-à-dire un centre d'absorption d'énergie et, par ce fait, tous les corps matériels qui se trouvent plongés dans son rayon d'action sont frappés par les atomes de l'éther plus violemment sur celle de leurs faces qui est opposée à la molécule matérielle que sur celle qui regarde cette molécule. Ils sont par suite poussés vers elle.

Si l'on imagine des sphères concentriques à la molécule matérielle et de rayons croissants, le flux d'énergie traversant la surface de chacune de ces sphères sera constant et par suite le flux traversant l'unité de surface de chacune de ces sphères sera proportionnel à l'inverse du carré du rayon. Donc l'action de ce flux sur un corps qui y est plongé, ou, en un mot, l'attraction produite sur ce corps par la molécule matérielle doit varier en raison inverse du carré de sa distance à la molécule.

Un corps étant composé d'un certain nombre de molécules, on conçoit que si toutes les molécules premières de l'univers sont égales, ce qui paraît tout au moins possible, l'attraction produite par un corps soit proportionnelle au nombre de ses molécules, c'est-à-dire à sa masse.

La conception de M. Marx permet donc d'expliquer la loi de Newton.

Il résulte de cette explication que tout corps constitue un centre d'absorption d'énergie. Or, que devient cette énergie? On peut évidemment admettre que cette énergie est utilisée à produire les mouvements dont sont animées les molécules constituant les corps, ces mouvements ayant pour origine les attractions exercées entre ces molécules. Pourquoi ces mouvements ne constitueraient-ils pas la source des vibrations calorifiques, lumineuses et même électriques qui émanent des corps pondérables.

Tel paraît être, dans ses grandes lignes, le thème qui a servi de base au travail de M. Marx.

LIVRE II.

RÉSUMÉ SOMMAIRE DES ÉTUDES DE M. MARX SUR L'ÉLECTRICITÉ.

I. — GÉNÉRALITÉS SUR L'ÉLECTRICITÉ.

Introduction. — Après avoir établi la loi qui donne la variation des tensions de l'éther autour d'une molécule matérielle, centre de dépression, M. Marx a fait remarquer que cette formule ne supposait pas nécessairement un flux d'énergie apporté par l'éther au centre de dépression, mais qu'elle s'appliquait également au cas où un centre de pression ou de dépression se trouverait être en équilibre avec le milieu général ambiant, sans qu'il y ait ni perte ni gain d'énergie intérieure.

Cette remarque sert de base à toute une série nouvelle d'études que M. Marx a entreprises sur les phénomènes électriques.

Pour M. Marx, l'électricité n'est autre chose que de l'éther en tension positive ou négative, c'est-à-dire à l'état de condensation ou de dilatation par rapport à son élasticité normale. Un corps électrisé renferme donc de l'éther condensé ou dilaté qu'il entraîne avec lui dans tous ses mouvements et qui se met en équilibre avec le milieu ambiant, l'état de tension de ce dernier se trouvant lui-même modifié dans les mêmes conditions qu'il l'est autour d'une molécule élémentaire absorbant de l'énergie.

Généralités sur l'Électricité. — Considérons, dit M. Marx, une sphère électrisée, et autour d'elle le vide absolu, autrement dit, l'éther libre qu'on suppose, tout d'abord, à sa tension normale. Cette sphère, en communication directe avec une source d'électricité à tension constante constitue, pour le milieu ambiant, un centre permanent de pression, dans l'hypothèse où l'électricité formée par la source est positive. Les milieux, à raison de leur différence de tension, tendent à se mettre en équilibre dans des conditions analogues à celles précédemment indiquées pour un centre de pression noyé dans un milieu élastique homogène indéfini. Le fluide éthérique en tension fait effort pour se dilater, mais son expansion ne peut se produire, sans entraîner le déplacement des molécules de la couche superficielle, dans laquelle il se trouve renfermé. Il résulte, en effet, de l'étude des phénomènes électriques, que le fluide électrique fait corps avec la substance matérielle qu'il pénètre; l'état de dépendance réciproque des milieux varie, sans doute, avec la nature et la constitution propre de la substance matérielle, mais, en toutes circonstances, un changement dans l'état des tensions ou un déplacement quelconque du fluide éthérique donne lieu à des déplacements moléculaires ou à des modifications diverses dans l'état d'équilibre général du corps électrisé. Au cas particulier, les molécules de la couche superficielle, entraînées par le fluide en tension, mettent en jeu des résistances élastiques intérieures qui réagissent, à leur tour, et tendent, comme pour un corps élastique quelconque, à ramener le milieu en sens inverse de son déplacement primitif. Sous la double action du fluide en tension et de l'élasticité spéciale de la substance matérielle, un mouvement vibratoire s'établit à la surface de la sphère. Les vibrations sont, tout d'abord, dynamiques ou à phases d'intensités différentes pour la dilatation et pour la compression, en raison de l'excès de tension que présente à l'origine du mouvement le fluide électrique sur le milieu général ambiant. Aux vibrations de la sphère répondront, dans le milieu général, des ondulations isochrones et de même intensité, dans chacune des phases correspondantes.

Aussi longtemps que la tension de la sphère reste supérieure à celle de l'éther ambiant, la phase de dilatation de la vibration est plus rapide et donne lieu au développement d'une énergie mécanique supérieure à la phase de contraction marchant en sens inverse. Il y a transmission d'énergie de la sphère au milieu général, dont les tensions s'élèvent dans les mêmes conditions que celles analysées pour un milieu homogène indéfini, soumis à l'action d'un centre de pression en activité permanente. La sphère électrisée, en communication avec la source constante d'électricité, restant, au contraire, à la même tension, l'écart entre les deux milieux va s'atténuant; il en est de même de la différence d'intensité entre les deux phases de la vibration et par suite de l'énergie mécanique transmise d'un milieu à l'autre. Lorsqu'à la surface de contact le milieu général atteint le niveau de la tension de la sphère centrale, les vibrations et ondulations deviennent pendulaires ou de même intensité dans chacune de leurs phases. On peut interrompre la communication avec la source, qui n'a plus d'énergie à fournir à la sphère. L'état d'équilibre ainsi réalisé entre la sphère électrisée et l'éther ambiant peut se maintenir indéfiniment, la sphère développant, comme un pendule ordinaire et en vertu de son énergie potentielle, des vibrations à phases d'égale intensité, en parfaite harmonie avec les ondulations correspondantes du milieu général en tension.

La vitesse moyenne de vibration de la surface de la sphère, centre de pression ou de dépression par rapport à l'éther ambiant, est indépendante de la différence de tension des milieux; elle dépend uniquement, comme on l'a précédemment établi, de la nature de la sphère et de la grandeur du rayon. Cette vitesse moyenne garde donc la même valeur, au milieu des variations que subissent les vitesses et les intensités relatives des phases de la vibration avant la réalisation de l'état d'équilibre du système. Lorsque les vibrations sont devenues pendulaires, cette vitesse moyenne de la vibration complète, désignée par U_ρ dans les recherches précédentes, devient la vitesse moyenne du mouvement vibratoire, pour chacune des phases, considérées séparément.

La tension de la sphère électrisée étant représentée par ε, le travail de la vibration, dans l'unité de temps, sera égal à $U_\rho\varepsilon$, par unité de surface, et $4\pi\rho^2 U_\rho\varepsilon$, pour la sphère entière, de telle sorte que P désignant l'énergie de la vibration, on a la relation

$$4\pi\rho^2\varepsilon U_\rho = P,$$

qu'on peut mettre sous la forme

$$\varepsilon = \frac{P}{4\pi U_\rho}\,\frac{1}{\rho^2} = \frac{P}{4\pi U_1}\,\frac{1}{\rho}, \qquad (1)$$

la valeur analytique de U_ρ étant égale à $U_1\,\frac{1}{\rho}$, en représentant par U_1 la vitesse moyenne de la vibration pour la sphère d'un rayon égal à l'unité.

On retrouve ainsi, entre les éléments de la vibration de la sphère électrisée, à l'état d'équilibre permanent dans le vide, la même relation que pour l'atmosphère moléculaire, ou plus généralement, pour un centre de pression ou de dépression, avec gain ou perte constante d'énergie intérieure.

Pour un centre de pression ou de dépression, comportant un gain ou une perte intérieure d'énergie P, c'est la quantité P_1 qui est supposée connue et qui sert à déterminer la dépression moyenne e de la sphère centrale. Pour la sphère électrisée, noyée dans le milieu général de l'éther, sa tension ε étant donnée, l'énergie P de la vibration se déduit de la relation précédente, elle a pour expression

$$P = 4\pi U_1 \varepsilon \rho.$$

Aux ondulations pendulaires de la sphère électrisée répondent, dans l'étendue du milieu général de l'éther, des ondulations sphériques isochrones et de même intensité. Les milieux étant en équilibre à la surface de contact, la tension e_ρ de l'éther ambiant, à la distance ρ du centre de la sphère, est la même que la tension ε de la sphère et l'on a

$$(2) \qquad e_\rho = \varepsilon = \frac{P}{4\pi U_\rho} \frac{1}{\rho^2} = \frac{P}{4\pi U_1} \frac{1}{\rho}.$$

Dans l'état d'équilibre des milieux, l'énergie transmise par l'ondulation d'une couche à la suivante étant la même pour toute l'étendue du milieu général, les tensions, comme les vitesses de l'ondulation, varient en raison inverse de la distance au centre de la sphère. La loi des tensions du milieu général autour de la sphère électrisée, déduite de la relation précédente, pourra donc, en représentant par e_x la tension à la distance x, s'écrire

$$(3) \qquad e_x = \frac{P}{4\pi U_1} \frac{1}{x} = \frac{P}{4\pi A} \frac{1}{x}.$$

La constante A est la vitesse de l'ondulation à l'unité de distance du centre de la sphère; sa valeur n'est autre que celle de U_1.

Cette loi est la même que celle donnée par la formule (32), pour l'état des tensions du milieu général, autour d'un centre de pression ou de dépression, avec perte ou gain constant d'énergie intérieure.

En résumé, les conditions d'équilibre des milieux, autour d'une sphère électrisée, sont les mêmes qu'autour d'un centre de pression ou de dépression, avec transmission d'énergie d'un milieu à l'autre, tant en ce qui concerne la vibration de la sphère centrale que la loi des tensions du milieu général.

Le milieu général de l'éther, dans l'état d'équilibre contraint où il est constitué autour des corps électrisés, constitue ainsi pour l'électricité, comme pour la gravitation, l'agent actif des actions attractives ou répulsives des corps noyés dans son sein. Il peut devenir en même temps l'agent de transmission des énergies manifestées par les corps électrisés, en communication avec des sources électriques en activité. L'éther à l'état libre est donc un véritable diélectrique, dans le sens qu'indiquait Faraday, signalant son action comme nécessaire à la manifestation des phénomènes électriques. Il est le siège de lignes de force pouvant se croiser en tous sens et transmettre à toute distance les actions électriques qui viennent à la pénétrer.

Nature de l'électricité. — L'électricité n'est donc plus, suivant la théorie nouvelle, un agent spécial pouvant suivre des lois étrangères à celles qui règlent, dans tous les autres phénomènes de la nature, l'état d'équilibre et de mouvement de la matière. A l'état statique, dans les corps pondérables, l'*électricité n'est autre* que l'éther *en tension,* c'est-à-dire l'éther doué d'une énergie potentielle en rapport avec son état élastique. Dans les phénomènes dynamiques, comportant des échanges de forces ou d'énergie entre les corps ou les milieux, l'électricité agit, comme tout autre fluide élastique, en vertu de sa masse et de la quantité d'énergie de ses éléments constituants. Le milieu général de l'éther, sous l'influence des corps électrisés qui s'y trouvent plongés, constitue un véritable diélectrique, prenant part, en vertu de son état d'équilibre contraint ou de son énergie potentielle, aux manifestations diverses des actions électriques qui le pénètrent, qu'il agisse soit comme agent actif ou comme simple agent de transmission.

En définitive, tous les phénomènes électriques devront se ramener analytiquement à des questions d'équilibre statique ou à des échanges d'énergies et communications de mouvements, s'effectuant suivant les règles générales de la Dynamique.

II. — ÉLECTROSTATIQUE.

Loi des tensions de l'éther. — La loi des tensions dans l'étendue du milieu général de l'éther autour d'une sphère électrisée, centre de pression ou de dépression, est, comme on l'a vu, donnée par la formule

$$e_x = \frac{P}{4\pi A}\,\frac{1}{x}, \tag{3}$$

dans laquelle e_x est la tension du milieu général à la distance x du centre de la sphère, P l'énergie de la vibration pendulaire de la sphère, dans chacune de ses phases, *et* A *la vitesse moyenne du mouvement ondulatoire à l'unité de distance du centre de pression ou de dépression.*

La valeur de A *ne dépend que de la nature de la sphère et de celle du milieu ambiant. Son expression analytique, pour une sphère électrisée, noyée dans le milieu général de l'éther, est la suivante :*

$$A = \frac{3}{2}\,\frac{K}{C_{1e}}\,\frac{C_1 H}{3\lambda E}. \tag{30}$$

Dans cette formule, K représente le coefficient de conductibilité de l'éther pour la chaleur et C_{1e} sa capacité calorifique sous l'unité de volume; C_1 est la capacité calorifique également sous l'unité de volume, de la substance matérielle de la sphère centrale, λ son coefficient de dilatation et E son coefficient d'élasticité, enfin H n'est autre que l'équivalent mécanique de la chaleur.

A la distance $x = \rho$ du centre de pression ou de dépression, c'est-à-dire à la surface de contact de la sphère, la tension du milieu général étant la même que celle de la sphère que nous représenterons par ε, la relation ci-dessus (3) nous donne l'équation

$$\varepsilon = \frac{P}{4\pi A}\,\frac{1}{\rho}, \tag{4}$$

d'où l'on tire

$$\frac{P}{4\pi A} = \varepsilon\rho. \tag{5}$$

Cette valeur de $\frac{P}{4\pi A}$, substituée dans la formule générale (3), donne pour la loi des tensions de l'éther autour de la sphère électrisée, en fonction de la tension même de la sphère, la relation

$$e_x = \varepsilon \frac{\rho}{x}. \tag{6}$$

La tension du milieu général de l'éther, en un point donné autour d'une sphère électrisée, est égale, dans l'état l'équilibre électrostatique, à la tension même de la sphère multipliée par le rapport du rayon à la distance x du point considéré au centre de la sphère.

La loi des tensions du milieu général autour d'un centre de pression ou de dépression, dont la tension est donnée, étant la même dans l'état d'équilibre dynamique et dans l'état d'équilibre pendulaire, il en résulte que l'on peut passer directement de l'état d'*équilibre électrostatique,* résultant, pour le milieu général de l'éther, de la présence d'un corps électrisé à une tension déterminée, à l'*état électrodynamique,* répondant à un état de tension variable du corps conducteur.

On sait que, dans le premier cas, *les vibrations et ondulations* sont *pendulaires* et gardent la même intensité, et que, dans le second cas, les vibrations et ondulations deviennent *dynamiques,* à phases d'intensité différentes, donnant lieu à des échanges d'énergie d'un milieu à l'autre, jusqu'à ce qu'ait pu s'établir un nouvel état électrostatique.

Charge électrique. — La loi des tensions du milieu général de l'éther autour d'une sphère électrisée est donnée par la relation

$$e_x = \frac{P}{4\pi A} \frac{1}{x}. \tag{3}$$

Au contact de la sphère, la tension du champ électrique n'est autre que la tension ε, à la surface de la sphère, qui est exprimée par l'égalité

$$\varepsilon = \frac{P}{4\pi A} \frac{1}{\rho}, \tag{4}$$

de laquelle on déduit la valeur du coefficient $\frac{P}{4\pi A}$, savoir :

$$\frac{P}{4\pi A} = \rho \varepsilon. \tag{5}$$

Ce facteur $\frac{P}{4\pi A}$, pour lequel on a précédemment donné l'interprétation analytique de chacun des termes, se retrouve dans toutes les données théoriques des phénomènes de l'Électrostatique et de l'Électrodynamique. La relation précédente établit que sa valeur est proportionnelle aux rayons pour des sphères de même tension, et proportionnelle aux tensions pour des sphères de même rayon.

D'un autre côté on peut, par l'expérience, à l'aide de la balance de Coulomb, établir que les quantités d'électricité à la surface des sphères électrisées sont elles-mêmes proportionnelles, d'une part, aux rayons pour des sphères de même tension et, d'autre part, aux tensions pour des sphères de même rayon.

Le terme $\frac{P}{4\pi A}$ étant, en toute circonstance, proportionnel à la quantité d'électricité répandue à la surface d'une sphère électrisée, on est convenu de le considérer comme représentant la *charge de la sphère.*

Dans ces conditions, *l'unité de charge devra répondre à la quantité d'électricité portée par une sphère d'un rayon égal à* un, *ayant une tension égale à l'unité.*

Dans les théories actuelles, la nature de l'électricité n'étant pas définie, on a pris pour *unité d'électricité* la quantité d'électricité répondant à l'*unité de charge.*

Dans la théorie nouvelle que nous nous proposons d'établir, la nature de l'électricité étant parfaitement déterminée, sa mesure ne reste plus arbitraire. Nous avons vu que l'unité de mesure de la quantité d'électricité se rattache aux autres unités fondamentales de la Mécanique analytique. L'unité de quantité d'électricité répond, en effet, à l'énergie nécessaire pour élever l'unité de volume du fluide éthérique ou électrique à une tension égale à *un.*

Dans ces conditions, si l'on représente par q la quantité d'électricité qui répond à la charge d'une sphère d'un rayon égal à *un*, élevée à une tension égale à l'unité, la quantité Q d'électricité portée par une sphère de rayon ρ, à la tension ε, aura pour valeur

$$(7) \qquad Q = q\rho\varepsilon = q\frac{P}{4\pi A}.$$

La quantité d'électricité constituant la charge d'une sphère a donc pour mesure la valeur de la charge multipliée par la constante q. *Cette quantité q, qui sert à passer de la valeur de la charge à la quantité d'électricité, sera désignée sous le nom de* constante de quantité.

La quantité d'électricité a pour mesure l'énergie ou la quantité de travail employée pour élever le milieu éthérique à son degré de tension. *La constante q peut être considérée comme l'équivalent électrique de la charge, ou son coefficient de transformation en unités électriques, dont l'équivalent mécanique se déduira lui-même des formules analytiques à établir ultérieurement.*

La quantité Q d'électricité, portée par un conducteur sphérique, et l'expression de sa charge, $\frac{P}{4\pi A}$, sont des expressions ou des évaluations différentes d'une même valeur électrique, l'unité de mesure étant, dans le second cas, q fois plus grande que dans le premier cas. Sous cette réserve bien explicite, on pourra évidemment se servir ultérieurement de l'une et de l'autre des deux expressions, pour désigner la valeur ou la quantité d'électricité qu'elles représentent. C'est ainsi qu'on pourra indistinctement désigner le centre de la sphère comme constituant, à la fois, le centre de la charge électrique et le centre de la quantité d'électricité portée par la sphère considérée. Dans l'expression des valeurs analytiques on n'aura qu'à tenir compte du coefficient de passage de l'une à l'autre des deux expressions pour une même quantité ou une même valeur électrique.

La notion de charge, comme celle de quantité d'électricité, peut être considérée comme se rattachant à une question de force et à une question de quantité de travail dans des conditions déterminées. L'expression analytique de la charge $\left(\frac{P}{4\pi A}\right)$ comprend, en effet, un premier facteur $\frac{P}{4\pi}$ qui représente la quantité de travail à développer, par unité de surface, au centre d'une sphère d'éther d'un rayon égal à *un*, pour la maintenir en activité, comme centre de pression, avec une tension égale à $\frac{P}{4\pi A}$. La quantité A est une constante qui dépend de la nature du corps électrisé; sa valeur représente la vitesse du mouvement vibratoire à la surface de la sphère d'un rayon égal à l'unité. La quantité de travail $\frac{P}{4\pi}$, divisée par cette constante, qui est une vitesse, ou le terme $\frac{P}{4\pi A}$, est donc bien la représentation d'une force. Le terme $\frac{P}{4\pi A}$ est, en effet, l'expression de la tension à la surface de la sphère, ou bien encore de la force à appliquer à l'unité de la surface de la sphère en vibration, pour donner, dans l'unité de temps, une quantité de travail égale à $\frac{P}{4\pi}$.

Attractions et répulsions électriques. — *Loi de Coulomb.* — Deux éléments électriques exercent l'un sur l'autre des actions attractives, ou répulsives, dont la loi a été déterminée par Coulomb, à l'aide de mesures directes faites au moyen de sa balance électrique, puis vérifiée par la méthode des oscillations. Cette loi peut se déduire également du calcul, en partant de cet autre fait d'expérience, à savoir que l'électricité se porte tout entière à la surface des corps conducteurs électrisés.

La loi de Coulomb, qui est la loi fondamentale de l'Électrostatique, peut se formuler de la manière suivante :

L'action qu'exercent l'une sur l'autre deux masses électriques infiniment petites est dirigée suivant la ligne qui les joint; elle est proportionnelle au produit des masses ou quantités d'électricité et varie en raison inverse du carré des distances. La force est répulsive et tend à éloigner les masses l'une de l'autre si les électricités sont de même signe; elle est attractive si les électricités sont de signes contraires.

Si l'on considère comme positives les actions qui tendent à rapprocher les corps, et comme négatives celles qui tendent à les écarter, l'action qui s'exerce entre deux masses ou quantités d'électricité Q et Q', placées à une distance d l'une de l'autre, aura, aux termes de la loi de Coulomb, pour expression

$$F = -h\frac{QQ'}{d^2}. \tag{8}$$

Si l'on prend pour unité de masse électrostatique la quantité d'électricité qui, à l'unité de distance d'une même masse ou quantité d'électricité, donne lieu à une répulsion égale à l'unité de force, la formule (5) devient

$$F = -\frac{QQ'}{d^2}. \tag{9}$$

Mais, dans une théorie analytique basée sur les données qui précèdent, l'unité de masse, ou plutôt l'unité de quantité d'électricité, ne peut être prise arbitrairement. La quantité d'électricité renfermée dans un corps a, en effet, pour mesure, la quantité de travail nécessaire pour élever à la tension correspondante le volume du fluide éthérique renfermé dans ce corps. C'est donc la formule générale donnée par la relation (8) que nous devons prendre pour arriver à l'expression analytique de la loi de Coulomb, en rapport avec les données établies sur la nature de l'électricité et sur l'expression de sa valeur mécanique.

La quantité Q d'électricité répandue à la surface d'un corps ou d'une sphère électrisée a pour expression le produit de la charge par la constante de quantité q, qui représente la quantité d'électricité portée par la sphère de rayon un, à l'unité de tension.

La valeur de la charge, $\frac{P}{4\pi A}$, pour une sphère de rayon ρ, à la tension $\mathcal{E}$, a pour expression

$$\frac{P}{4\pi A} = \rho\varepsilon. \tag{5}$$

Si nous remplaçons, dans l'expression générale (5) de la loi de Coulomb, les quantités d'électricité Q et Q' de deux sphères en présence, par leurs valeurs en fonction des charges correspondantes $\frac{P}{4\pi A}$ et $\frac{P'}{4\pi A}$, la valeur analytique de l'action exercée F sera

$$F = -hg^2 \frac{PP'}{(4\pi A)^2} \frac{1}{d^2}, \tag{10}$$

ou bien encore, en vertu de la relation (2),

$$F = -hq^2 \rho\rho'\varepsilon\varepsilon' \frac{1}{d^2}. \tag{10 bis}$$

On pourra déduire de l'expérience la valeur de h ou de hq^2; mais nous allons chercher à établir analytiquement la loi des attractions et répulsions électriques, en partant de la loi des tensions du champ électrique. La formule analytique, rapprochée de l'expression générale de la loi de Coulomb, permettra de déterminer la valeur de la constante h qui entre dans la formule précédente.

Théorie analytique. — Proposons-nous d'abord de déterminer la valeur analytique de l'action exercée par une sphère électrisée sur un élément de surface sphérique de l'éther en tension, dans l'étendue de son champ électrique.

Le milieu général qui enveloppe la sphère électrisée peut être considéré comme formé d'une série d'anneaux sphériques d'une épaisseur constante, que nous représenterons par Δx. Supposons que l'on détache ou que l'on découpe par la pensée, dans l'étendue de ce milieu général, une pyramide ayant son sommet au centre de la sphère, et s'appuyant à la base sur l'élément d'anneau sphérique supposé à une distance x du centre de la sphère. La calotte sphérique qui constitue cet élément aura une épaisseur Δx; l'une des bases, la plus rapprochée de la surface de la sphère, sera à une distance x du centre; sa surface sera représentée par S_x; l'autre base sera à une distance $x + \Delta x$, et sa superficie sera représentée par $S_{(x+\Delta x)}$.

Les surfaces S_x et $S_{(x+\Delta x)}$ seront avec les distances au centre de la sphère dans le rapport donné par l'égalité

$$(11) \qquad \frac{S_{(x+\Delta x)}}{S_x} = \frac{(x+\Delta x)^2}{x^2}.$$

La loi des tensions du milieu général autour de la sphère électrisée est, nous le savons, exprimée par la relation

$$(3) \qquad e_x = \frac{P}{4\pi A}\frac{1}{x}.$$

Dans l'état d'équilibre contraint, où se trouve constitué le champ électrique de la sphère, le milieu général exerce, sur la surface extérieure $S_{(x+\Delta x)}$ de l'élément d'anneau sphérique, une pression qui est dirigée dans le sens du rayon ou inversement, suivant que la charge $\frac{P}{4\pi A}$ est positive ou négative, et dont la valeur, par unité de surface, n'est autre que la tension $e_{(x+\Delta x)}$ du milieu, à la distance correspondante $x + \Delta x$. La surface $S_{(x+\Delta x)}$ étant supposée très petite, la résultante de l'action du milieu sur cette surface, dirigée suivant le rayon, peut s'écrire

$$S_{(x+\Delta x)} e_{(x+\Delta x)} = S_{(x+\Delta x)} \frac{P}{4\pi A} \frac{1}{x+\Delta x},$$

ou bien encore, en remplaçant $S_{(x+\Delta x)}$ par sa valeur, en fonction de S_x, tirée de l'égalité précédente

$$S_{(x+\Delta x)} e_{(x+\Delta x)} = S_x \frac{P}{4\pi A} \frac{(x+\Delta x)^2}{x^2} \frac{1}{x+\Delta x} = S_x \frac{P}{4\pi A} \frac{x+\Delta x}{x^2}.$$

La pression agit dans le sens du rapprochement de l'élément du centre de la sphère, si la charge $\frac{P}{4\pi A}$ est positive, et dans le sens de leur écartement, si la charge est négative.

La pression du milieu général sur la face intérieure S_x de la calotte sphérique, constituant le sommet de la pyramide tronquée, devra s'écrire, dans les mêmes conditions,

$$S_x e_x = - S_x \frac{P}{4\pi A} \frac{1}{x}.$$

Ces deux forces agissent en sens opposés et suivant la direction du rayon de la sphère qui aboutit au centre de figure ou de gravité de la calotte sphérique. La résultante, dans le sens de la pression exercée sur la surface $S_{(x+\Delta x)}$, égale à la somme algébrique des composantes, a pour valeur

$$\frac{P}{4\pi A} S_x \left(\frac{x+\Delta x}{x^2} - \frac{1}{x} \right) = \frac{P}{4\pi A} \frac{S_x \Delta x}{x^2}.$$

La pyramide détachée du milieu général est formée d'une série de calottes sphériques superposées, dont la dernière, la plus éloignée de la base, vient s'appuyer à la surface de la sphère électrisée. Le rapport de la section de la pyramide au carré de sa distance au centre de la sphère conserve la même valeur $\frac{S_x}{x^2}$ sur toute l'étendue de la pyramide; il en résulte que chacune des calottes sphériques est soumise, de la part du milieu ambiant, à la même pression que la base même de la pyramide. D'un autre côté, comme il y a équilibre des milieux au contact de la sphère, cette pression doit être égale et de sens contraire à la tension ou à la pression de la sphère, sur le dernier élément ou sur la calotte extrême du tronc de pyramide. La valeur de cette tension, égale et de sens contraire à la résultante des pressions du milieu sur la base de la pyramide, a donc pour expression analytique

$$-\frac{P}{4\pi A}\frac{S_x \Delta x}{x^2}.$$

Cette tension de la sphère, sur l'étendue de la surface de contact avec le sommet de la pyramide, se transmet, de couche en couche, en vertu de l'élasticité du milieu, jusqu'à la calotte sphérique, qui constitue la base de la pyramide et fait équilibre à la résultante des pressions qu'exerce sur elle le milieu ambiant.

En définitive, l'action exercée par la sphère électrisée, sur un élément d'anneau sphérique de son champ électrique, est égale à la valeur de la charge de la sphère prise en signe contraire $\left(-\frac{P}{4\pi A}\right)$, *multipliée par le volume* $(S_x \Delta x)$ *de l'élément et divisée par le carré de la distance* (x) *dudit élément au centre de la sphère.*

Supposons maintenant qu'à l'élément d'anneau sphérique du milieu général, en équilibre autour de la sphère, on substitue un élément électrisé de forme identique, dont la tension est représentée par ε', et cherchons à déterminer les conditions dans lesquelles se maintient alors l'équilibre des milieux.

Dans l'hypothèse précédente, la sphère électrisée étant isolée dans le milieu général, la tension à l'emplacement de l'élément d'anneau sphérique du champ électrique, à la distance x du centre de la sphère, était donnée par l'expression

$$e_x = \frac{P}{4\pi A}\frac{1}{x},$$

d'où résultait pour l'élasticité totale du milieu, représentée par E dans les conditions normales d'équilibre de l'éther, une valeur égale à

$$E + \frac{P}{4\pi A}\frac{1}{x}.$$

La pression exercée par le milieu ambiant sur l'élément d'anneau sphérique, ou, en d'autres termes, sur la calotte sphérique formant le sommet de la pyramide, avait alors pour expression

$$\frac{P}{4\pi A}\frac{S_x \Delta x}{x^2}.$$

L'élément d'anneau sphérique du champ électrique étant remplacé par un élément électrisé de forme identique à la tension $\mathcal{E}'$, son élasticité passe de la valeur donnée ci-dessus $\left(E + \frac{P}{4\pi A}\frac{1}{x}\right)$, à la suivante :

$$E + \varepsilon'.$$

Dans ces conditions nouvelles, si l'on suppose l'équilibre général des milieux maintenu par une force convenable appliquée à la sphère électrisée, l'action exercée par le milieu général sur la calotte sphérique, qui constitue le sommet de la pyramide, sera accrue dans le rapport de la force élastique de l'élément d'anneau sphérique électrisé à l'élasticité du milieu, dans l'hypothèse précédente, c'est-à-dire dans le rapport suivant :

$$\frac{E + \varepsilon'}{E + \frac{P}{4\pi A}\frac{1}{x}}.$$

La résultante des pressions exercées par l'éther ambiant sur l'élément électrisé, augmentée dans le même rapport, aura pour valeur

$$\frac{P}{4\pi A}\frac{S_x \Delta x}{x^2}\left(\frac{E + \varepsilon'}{E + \frac{P}{4\pi A}\frac{1}{x}}\right),$$

que l'on peut mettre sous la forme

$$\frac{P}{4\pi A}\frac{S_x \Delta x}{x^2}\left(1 + \frac{\varepsilon' - \frac{P}{4\pi A}\frac{1}{x}}{E + \frac{P}{4\pi A}\frac{1}{x}}\right) = \frac{P}{4\pi A}\frac{S_x \Delta x}{x^2} + \frac{P}{4\pi A}\frac{S_x \Delta x}{x^2}\left(\frac{\varepsilon' - \frac{P}{4\pi A}\frac{1}{x}}{E + \frac{P}{4\pi A}\frac{1}{x}}\right).$$

Le premier terme $\left(\frac{P}{4\pi A}\frac{S_x \Delta x}{x^2}\right)$ n'est autre que la valeur de la pression exercée sur la base de la pyramide par le milieu ambiant, alors que la sphère est isolée ou agit seule, sur le milieu général ambiant.

Or, nous avons vu que la tension de la sphère, en ce cas, fait équilibre à cette pression.

La force qui tend à déplacer la sphère, dans le nouvel état d'équilibre, et qui, partant du centre de figure de l'élément électrisé, agit dans la direction du rayon de la sphère, est donc représentée par le second terme de l'expression précédente, qui peut s'écrire comme il suit, en mettant en facteur commun le rapport $\frac{\varepsilon'}{E}$ et remplaçant, dans le facteur entre parenthèses, le terme $\frac{P}{4\pi A}$, qui représente la charge, par sa valeur $\varepsilon\rho$ (en fonction de la tension de la sphère et de son rayon ρ)

$$\frac{P}{4\pi A}\,\frac{S_x\Delta x}{x^2}\,\frac{\varepsilon'}{E}\left(\frac{1-\frac{\varepsilon}{\varepsilon'}\frac{\rho}{x}}{1+\frac{\varepsilon}{E}\frac{\rho}{x}}\right).$$

Cette force agit dans le sens de l'écartement de l'élément électrisé de la sphère, si la charge $\frac{P}{4\pi A}$ est positive, et dans le sens de leur rapprochement, si la charge est négative. Or, on est convenu de considérer comme positives les forces qui tendent à rapprocher les centres d'action dont elles émanent, et comme négatives, les forces qui font effort pour les éloigner. L'expression ci-dessus de la force qui s'exerce entre la sphère et l'élément électrisé devra dès lors être prise en signe contraire et s'écrire

$$-\frac{P}{4\pi A}\,\frac{S_x\Delta x}{x^2}\,\frac{\varepsilon'}{E}\left(\frac{1-\frac{\varepsilon}{\varepsilon'}\frac{\rho}{x}}{1+\frac{\varepsilon}{E}\frac{\rho}{x}}\right).$$

Si le rayon ρ de la sphère peut être considéré comme infiniment petit par rapport à la distance x à l'élément électrisé, ce qui répond à l'hypothèse de Coulomb, le second terme de la fraction algébrique entre parenthèses peut être négligé, au numérateur comme au dénominateur, en présence de l'unité; la valeur ci-dessus réduite à son premier facteur devient

$$-\frac{P}{4\pi A}\,\frac{S_x\,\Delta x\,\varepsilon'}{E}\,\frac{1}{x^2}.$$

Le facteur $\frac{S_x\,\Delta x\,\varepsilon'}{E}$ représente le produit du volume de l'élément électrisé par le rapport $\frac{\varepsilon'}{E}$, de la tension ou accroissement ε' d'élasticité du milieu, au coefficient normal d'élasticité E du milieu général. Or, la tension électrique de l'éther est toujours relativement très petite, par rapport à son élasticité normale E, dont la valeur atteint des proportions pour ainsi dire incalculables, au point de pouvoir être considérées comme infinies. *Le produit du volume de l'élément électrisé par le rapport de sa tension à son élasticité normale* E *est alors égal au travail nécessaire pour opérer sa compression à la tension* ε', *ou, par le fait, à la quantité d'électricité portée par ledit élément.*

La force d'attraction ou de répulsion exercée entre une sphère électrisée et un élément électrisé d'anneau sphérique de son champ électrique, dans les conditions d'application de la loi de Coulomb, a, dès lors, pour valeur analytique, la charge de la sphère prise en signe contraire, multipliée par la quantité d'électricité portée par l'élément et divisée par le carré de la distance de l'élément au centre de la sphère.

Considérons, dans l'étendue du champ électrique de la première sphère et à une distance d de son centre, une seconde sphère électrisée, dont la charge soit $\frac{P'}{4\pi A}$, répondant à une tension à la surface représentée par ε'.

L'électricité se portant tout entière à la surface des corps conducteurs, pour y constituer une couche superficielle d'épaisseur régulière, si l'on suppose le champ électrique de la première sphère divisé en une série d'anneaux sphériques d'épaisseur infiniment petite, la couche superficielle de la seconde sphère peut être considérée comme partagée en éléments d'anneaux sphériques électrisés d'épaisseur infiniment mince. La force d'attraction ou de répulsion exercée entre la première sphère, dont la charge est $\frac{P}{4\pi A}$, et chacun de ces éléments a pour expression analytique

$$-\frac{P}{4\pi A}\,\frac{S_x\,\Delta x\,\varepsilon'}{E}\,\frac{1}{x^2}.$$

La distance qui sépare les deux sphères étant, par hypothèse, très grande par rapport aux rayons, la résultante de toutes ces actions partielles entre la première sphère et chacun des éléments de la calotte sphérique électrisée de la seconde sphère, sera égale à leur somme, et sa valeur F sera donnée par l'égalité

$$F = -\frac{P}{4\pi A}\sum \frac{S_x \Delta x \varepsilon'}{E}\frac{1}{x^2}.$$

L'électricité de la seconde sphère constituant à sa surface une couche uniforme homogène ou formée de couches concentriques homogènes, et les actions exercées par la première sphère sur ses éléments constitutifs étant proportionnelles à leurs masses électriques et en raison inverse du carré des distances, les quantités d'électricité portées par ces divers éléments peuvent être considérées comme concentrées au centre de la seconde sphère. La charge de cette seconde sphère étant représentée par $\frac{P'}{4\pi A}$, la quantité d'électricité correspondante Q' a pour valeur $Q' = q\frac{P'}{4\pi A}$, et l'expression analytique de la force F devra s'écrire

$$F = -\frac{P}{4\pi A}\frac{Q'}{d^2} = -q\frac{P}{4\pi A}\frac{P'}{4\pi A}\frac{1}{d^2}.$$

C'est la formule analytique qui donne la valeur de la force d'attraction et de répulsion entre deux sphères ou deux masses électriques en présence dans le milieu général de l'éther, *dans l'hypothèse de la loi de Coulomb.*

Reprenons l'expression générale de la valeur de l'action différentielle d'attraction ou de répulsion, exercée entre la sphère électrisée primitive et un élément électrisé d'anneau sphérique $(S_x \Delta x)$, à la tension $\mathcal{E}'$, placé à une distance x du centre de la sphère, à savoir

$$-\frac{P}{4\pi A}\frac{S_x \Delta x \varepsilon'}{E}\frac{1}{x^2}\left(\frac{1-\frac{\varepsilon}{\varepsilon'}\frac{\rho}{x}}{1+\frac{\varepsilon}{E}\frac{\rho}{x}}\right).$$

Si l'on opère la division entre les deux termes de la fraction algébrique entre parenthèses, on obtient la série suivante, à termes alternativement positifs et négatifs :

$$1+\left(\frac{\varepsilon}{\varepsilon'}-\frac{\varepsilon}{E}\right)\frac{\rho}{x}-\left(\frac{\varepsilon}{\varepsilon'}-\frac{\varepsilon}{E}\right)\frac{\rho}{x}\times\left(\frac{\varepsilon}{E}\times\frac{\rho}{x}\right)$$
$$+\left(\frac{\varepsilon}{\varepsilon'}-\frac{\varepsilon}{E}\right)\frac{\rho}{x}\times\left(\frac{\varepsilon}{E}\times\frac{\rho}{x}\right)^2-\left(\frac{\varepsilon}{\varepsilon'}-\frac{\varepsilon}{E}\right)\frac{\rho}{x}\times\left(\frac{\varepsilon}{E}\times\frac{\rho}{x}\right)^3+\ldots$$

A partir du second terme, la série constitue une progression géométrique, dont le premier terme est $\left(\frac{\varepsilon}{\varepsilon'}-\frac{\varepsilon}{E}\right)\frac{\rho}{x}$ et dont la raison est $\left(\frac{\varepsilon}{E}\times\frac{\rho}{x}\right)$, prise avec le signe moins, ce qui rend les termes alternativement positifs et négatifs. La raison est le produit des deux termes fractionnaires $\frac{\varepsilon}{E}$ et $\frac{\rho}{x}$, dont le premier est nécessairement très petit, les tensions électriques n'étant jamais qu'une fraction extrêmement réduite de l'élasticité totale E du milieu général de l'éther. Le second facteur $\frac{\rho}{x}$ qui est le rapport du rayon à l'écartement des molécules est une quantité finie et toujours plus petite que $\frac{1}{2}$. La raison de la progression $\left(\frac{\varepsilon}{E}\times\frac{\rho}{x}\right)$ est donc extrêmement petite et pour ainsi dire infiniment petite, comme le facteur $\frac{\varepsilon}{E}$. La série à termes alternatifs est dès lors très rapidement convergente.

La valeur de l'action différentielle exercée entre la sphère électrisée et l'élément d'anneau sphérique à la tension ε', situé à une distance x du centre de la sphère, peut ainsi se réduire aux termes suivants :

$$-\frac{P}{4\pi A}\frac{S_x\Delta_x\varepsilon'}{E}\frac{1}{x^2}\left[1+\left(\frac{\varepsilon}{\varepsilon'}-\frac{\varepsilon}{E}\right)\frac{\rho}{x}\right].$$

Le rapport $\frac{\varepsilon}{E}$ de la tension de la sphère à l'élasticité E de l'éther, dont la valeur paraît supérieure à toute limite appréciable, est négligeable, en présence du rapport fini $\frac{\varepsilon}{\varepsilon'}$, entre les tensions des deux sphères considérées. La valeur de l'action différentielle exercée entre la première sphère et l'élément d'anneau sphérique électrique peut donc, en définitive, s'écrire sous la forme

$$-\frac{P}{4\pi A}\frac{S_x\Delta x\varepsilon'}{E}\frac{1}{x^2}-\frac{P}{4\pi A}\frac{S_x\Delta x\varepsilon'}{E}\frac{1}{x^2}\left(\frac{\varepsilon}{\varepsilon'}\frac{\rho}{x}\right).$$

Supposons maintenant que l'on passe de l'élément d'anneau sphérique électrisé à une sphère à la même tension superficielle ε', répondant à une charge électrique $\frac{P'}{4\pi A}$, et située à une distance d de la première sphère. Nous admettrons, comme on l'a fait pour la loi de Coulomb, que l'électricité est uniformément répartie sur toute l'étendue de la surface de la seconde sphère, et nous calculerons, en conséquence, la valeur de l'intégrale de l'expression différentielle ci-dessus pour l'ensemble des éléments électrisés de ladite surface, concentrés au centre de la seconde sphère à la distance d.

Le premier terme de la différentielle n'est autre que la valeur analytique de l'action exercée entre la première sphère et l'élément d'anneau électrisé, dans l'hypothèse de la loi de Coulomb. Son intégrale doit donc reproduire la valeur de la force d'attraction et de répulsion des deux sphères en présence, calculée dans l'hypothèse de la loi de Coulomb, donnée par l'expression analytique

$$-q\frac{P}{4\pi A}\frac{P'}{4\pi A}\frac{1}{d^2}.$$

La différentielle de cette intégrale par rapport à d, représentant la variable ou la distance des masses électriques, doit, à son tour, représenter la même valeur que le premier terme de l'expression générale de l'action différentielle exercée entre la première sphère et l'élément électrisé. En d'autres termes, on doit avoir, entre ces deux expressions d'une même valeur analytique, la relation

$$-\frac{P}{4\pi A}\frac{S_x\,\Delta x\,\varepsilon'}{E}\frac{1}{x^2}=\frac{1}{2}q\frac{P}{4\pi A}\frac{P'}{4\pi A}\frac{dx}{x^3}.$$

Le second terme de la fonction différentielle, dont nous recherchons l'intégrale, sera alors lui-même représenté par le second membre de l'égalité suivante :

$$-\frac{P}{4\pi A}\frac{S_x\,\Delta x\,\varepsilon'}{E}\frac{1}{x^2}\left(\frac{\varepsilon}{\varepsilon'}\frac{\rho}{x}\right)=\frac{1}{2}q\left(\frac{P}{4\pi A}\right)\left(\frac{P'}{4\pi A}\right)\frac{dx}{x^3}\left(\frac{\varepsilon}{\varepsilon'}\frac{\rho}{x}\right),$$

que l'on peut écrire

$$\frac{1}{2}q\left(\frac{P}{4\pi A}\frac{P'}{4\pi A}\right)\frac{\varepsilon}{\varepsilon'}\rho\frac{dx}{x^4},$$

et dont l'intégrale est donnée par l'expression analytique

$$-q\frac{P}{4\pi A}\frac{P'}{4\pi A}\frac{1}{d^2}\left(\frac{\varepsilon}{\varepsilon'}\frac{3}{2}\frac{\rho}{d}\right).$$

L'intégrale de l'action différentielle exercée entre la première sphère et un élément électrisé, limitée aux deux premiers termes de la série, donne dès lors, pour force d'attraction ou de répulsion des deux sphères électrisées, la valeur analytique suivante :

$$F=-q\frac{P}{4\pi A}\frac{P'}{4\pi A}\frac{1}{d^2}\left(1-\frac{3}{2}\frac{\varepsilon}{\varepsilon'}\frac{\rho}{x}\right),$$

ou bien encore, en remplaçant le rapport des tensions $\frac{\varepsilon}{\varepsilon'}$, par celui des charges $\frac{P}{4\pi A}:\frac{P'}{4\pi A}=\frac{P}{P'}$,

$$F=-q\frac{P}{4\pi A}\frac{P'}{4\pi A}\frac{1}{d^2}\left(1-\frac{3}{2}\frac{P}{P'}\frac{\rho}{d}\right).$$

L'ensemble des termes constituant le premier facteur

$$\left(-q\frac{P}{4\pi A}\frac{P'}{4\pi A}\frac{1}{d^2}\right)$$

n'est autre que l'expression analytique de la force d'attraction ou de répulsion des sphères électrisées, dans l'hypothèse que comporte la loi expérimentale de Coulomb. Le second facteur entre parenthèses est composé de deux termes : le premier est l'unité ; le second, qui est précédé du signe —, a le facteur d au dénominateur et sa valeur absolue varie, dès lors, en raison inverse de la distance des sphères.

Si les charges des sphères sont de même signe, le premier facteur de F est négatif et répond à une force de répulsion. En même temps, le facteur $\frac{P}{P'}$ du second terme entre parenthèses étant positif, la valeur absolue du second terme vient en déduction de l'unité figurant comme premier terme, et répond ainsi à une diminution de la force de répulsion des sphères qu'accuserait l'application de la loi de Coulomb.

Si les charges sont de signes contraires, l'action exercée entre les sphères est positive et constitue une force d'attraction, qui tend à rapprocher les sphères. Le facteur $\frac{P}{P'}$ du second terme entre parenthèses devient négatif, et la valeur absolue de ce terme s'ajoute alors au premier terme, qui est l'unité et représente ainsi l'accroissement relatif à la force d'attraction, donnée par la valeur analytique, sur l'expression répondant à l'hypothèse de Coulomb.

En définitive, le second terme du facteur entre parenthèses fait sentir son action sur la valeur analytique de F, comparée à la valeur donnée par la loi de Coulomb, dans le sens d'une diminution numérique de l'énergie qui est négative, en cas de répulsion entre les sphères en présence et, au contraire, dans le sens d'un accroissement d'énergie, en valeur absolue, si l'action est positive et tend à rapprocher les sphères. Par le fait, cette action se manifeste, comme une force qui modifie, dans tous les cas, la valeur de la résultante donnée par la loi de Coulomb, dans le sens d'une force attractive, c'est-à-dire d'une force qui tend à rapprocher les sphères en présence. La valeur de l'action représentée par le second terme du facteur entre parenthèses varie, d'ailleurs, en toutes circonstances, en raison inverse de la distance des sphères.

Cette conclusion générale peut se mettre directement en évidence, si, effectuant les opérations, on sépare les deux termes, que comprend l'expression analytique de la force F, qui peut s'écrire alors sous la forme

$$F = -q\,\frac{P}{4\pi A}\,\frac{P'}{4\pi A}\,\frac{1}{d^2} + \frac{3}{2}\left(\frac{P}{4\pi A}\right)^2 \frac{\rho}{d^3}. \tag{12}$$

Le premier terme est la valeur de l'action entre les sphères, que donne l'application pure et simple de la loi de Coulomb. Le second terme, qui s'ajoute au premier et qui est toujours positif, représente une force qui agit dans le sens du rapprochement des sphères. Si les sphères sont électrisées de même sens, la résultante, qui est une force de répulsion, varie moins rapidement que ne le comporte la loi de Coulomb; le contraire arrive, si les charges des sphères sont de signes contraires. Le facteur d est à la troisième puissance au dénominateur du second terme, tandis qu'il ne figure qu'à la seconde puissance au dénominateur du premier terme; il s'ensuit que l'influence relative du second terme est d'autant plus marquée que les sphères sont moins écartées.

Dans l'analyse précédente on a admis, pour l'intégration, que l'électricité était uniformément répartie à la surface des sphères en présence. Or, l'expérience établit que si les sphères sont électrisées de même sens, il y a répulsion entre les charges et l'électricité tend à s'accumuler sur les faces extérieures, d'où résulte une augmentation de distance des centres d'action et une diminution d'intensité de la force répulsive, dans une proportion d'autant plus accusée que les sphères sont plus rapprochées. Si les sphères sont électrisées en sens inverse, il y a attraction entre les charges; les centres d'action se rapprochent d'autant plus que les distances sont moins grandes, de telle sorte que la force d'attraction s'accroît elle-même en raison de ce rapprochement.

Les termes complémentaires qu'introduiraient, dans la formule analytique, le déplacement de l'électricité à la surface des sphères et son mode d'accumulation variable avec la distance n'apporteraient donc en toutes circonstances, à la valeur relative de la force d'attraction ou de répulsion des sphères, que des modifications analogues dans leur intensité, comme dans le sens de leur action, à celles accusées par le second terme de la formule basée sur les données admises par l'analyse précédente. En d'autres termes, les différences accusées par la formule analytique ainsi complétée donneraient, avec les valeurs des forces résultant de l'application pure et simple de la loi de Coulomb, des chiffres un peu plus élevés que ceux accusés par la formule analytique précédemment déterminée; mais ces variations, provenant du déplacement du centre d'action des masses électriques à la surface des sphères, offriraient, en toutes circonstances, les mêmes caractères relatifs que les différences résultant de la formule analytique. Cette expression de la force d'attraction ou de répulsion des sphères électrisées pourra donner ainsi toutes les indications nécessaires à l'étude de la constitution moléculaire, si l'on se maintient dans les limites des caractères généraux de la question. La connaissance des termes complémentaires, se rattachant au déplacement des centres d'action des masses électriques, constituant le chargement des sphères, ne s'imposera d'une manière absolue qu'autant que l'on se proposera de déterminer, avec précision, la valeur numérique des forces développées, entre les sphères conductrices électrisées mises en présence.

Reprenons maintenant la formule qui précède

$$(13) \qquad F = -\frac{P}{4\pi A}\frac{Q'}{d^2} = -q\frac{PP'}{(4\pi A)^2}\frac{1}{d^2},$$

ou bien encore, en remplaçant la charge de chacune des sphères par sa valeur en fonction du rayon et de la tension,

$$(14) \qquad F = -q\rho\rho'\varepsilon\varepsilon'\frac{1}{d^2}.$$

Si l'on rapproche de cette expression analytique celles déduites précédemment de la formule donnée par Coulomb, par exemple de la formule (10 *bis*)

$$(10\,bis) \qquad F = -hq^2\rho\rho'\varepsilon\varepsilon'\frac{1}{d^2},$$

on trouve, pour valeur de la constante h de la loi de Coulomb,

$$h = \frac{q}{q^2} = \frac{1}{q}.$$

La loi de Coulomb, si l'on adopte l'unité analytique précédemment déterminée pour l'évaluation des quantités d'électricité qui constituent la charge des sphères considérées, aura donc pour expression

$$(15) \qquad F = -\frac{1}{q}\frac{QQ'}{d^2}.$$

Si l'on prenait pour Q et Q' l'unité de quantité électrique, la force d'attraction ou de répulsion des sphères placées à l'unité de distance ne serait plus, comme dans l'hypothèse de Coulomb, égale à 1 en valeur absolue, mais à $\frac{1}{q}$.

D'un autre côté, si l'on suppose que les quantités Q et Q' d'électricité des deux sphères en présence sont égales, la force F d'attraction ou de répulsion ne sera, en valeur absolue, égale à l'unité qu'autant que l'on aura $Q = Q' = \sqrt{q}$.

Cette quantité d'électricité $\sqrt{q}$ n'est autre chose qu'une quantité de travail, puisqu'on a pris pour unité de quantité d'électricité la quantité d'électricité répondant à l'unité de travail. L'ancienne unité d'électricité représente donc une quantité de travail, ou une quantité d'électricité évaluée suivant les bases de la théorie nouvelle, égale à $\sqrt{q}$. Le coefficient de transformation des quantités d'électricité évaluées suivant les théories actuelles, en quantités analytiques d'électricité ou en quantité de travail, *est donc égal à $\sqrt{q}$, ou à la racine carrée de la constante de quantité.*

La valeur $\sqrt{q}$ est, par le fait, l'équivalent électrique de l'unité d'électricité électrostatique actuellement en usage. Nous avons vu que l'équivalent électrique de la charge était égal à q, soit au carré de l'équivalent électrique de l'unité d'électricité, déduite de la formule simplifiée $F = \frac{QQ'}{d^2}$ de la loi expérimentale de Coulomb.

Potentiel électrique. — *Potentiel d'un champ électrique.* — *Le potentiel d'un champ électrique, en un point donné, autour d'une charge électrique déterminée, est le rapport de la quantité d'électricité constituant la charge à la distance au centre de la charge.*

Si l'on représente par V le potentiel du champ électrique à la distance x du centre de la charge, son expression analytique sera

$$V = \frac{Q}{x} = q\frac{P}{4\pi A}\frac{1}{x}.$$

La tension e_x du milieu général de l'éther au même point étant donnée par la relation

$$e_x = \frac{P}{4\pi A}\frac{1}{x},$$

la valeur de V peut s'écrire

$$V = qe_x.$$

Le potentiel en un point donné du champ électrique est donc égal à la tension du milieu général au même point, multipliée par la constante de quantité.

La valeur analytique du potentiel V d'un champ électrique à la distance x du centre de la charge pourra, en définitive, s'écrire sous l'une ou l'autre des formes suivantes :

$$V = \frac{Q}{x} = q\frac{P}{4\pi A}\frac{1}{x} = qe_x. \tag{16}$$

L'action exercée l'une sur l'autre par deux sphères situées à la distance x, donnée par la formule (13), est la suivante :

$$F = -q\frac{P}{4\pi A}\frac{P'}{4\pi A}\frac{1}{x^2}.$$

Si l'on suppose la charge de la seconde sphère $\frac{P'}{4\pi A}$, que l'on sait pouvoir être considérée comme concentrée à son centre de figure, égale à l'unité, la valeur de F devient

$$F = -q\frac{P}{4\pi A}\frac{1}{x^2}.$$

Cette valeur est la dérivée du potentiel V du champ électrique de la première sphère, dont la charge est $\frac{P}{4\pi A}$, ou dont la quantité d'électricité accumulée à la surface, ou concentrée au centre, serait donnée par l'expression

$$q\frac{P}{4\pi A}.$$

On peut ainsi écrire la relation

$$dV = d\left(q\frac{P}{4\pi A}\frac{1}{x}\right) = -q\frac{P}{4\pi A}\frac{1}{x^2}dx. \tag{17}$$

L'intégration prise de x à x', ou la différence de potentiel entre deux points situés aux distances x et x' du centre de la charge, représente donc le travail de la force d'attraction ou de répulsion de la sphère ou de la charge correspondante, qui devra être dépensée pour faire passer l'unité de charge du point x au point x'. En d'autres termes, la différence de potentiel entre deux points est égale à la quantité de travail dépensé par la force d'impulsion du milieu général sur une unité de charge électrique, pour le faire passer d'un point à l'autre du champ électrique.

Potentiel d'un conducteur. — Pour un conducteur sphérique électrisé en équilibre avec le milieu ambiant, la tension à la surface de contact est la même dans les deux milieux. Le potentiel du champ électrique en un point donné étant égal au produit de la tension du milieu par la constante de quantité, on donnera le nom de *potentiel de la sphère* au produit de sa tension par la constante de quantité.

Le potentiel de la sphère et le potentiel du champ électrique à la surface de contact ont même valeur et même signification, au point de vue de la quantité de travail qu'ils représentent.

La proposition relative à la valeur du potentiel d'un champ électrique en un point déterminé, exprimé par la quantité de travail à développer, pour amener en ce point de l'infini l'unité de charge électrique, devient applicable au potentiel de la sphère. Le potentiel de la sphère représente donc le travail nécessaire pour amener de l'infini à sa surface l'unité de charge électrique. Si l'on convient de prendre le travail effectué comme positif ou comme négatif, c'est-à-dire comme agissant dans le sens d'un rapprochement ou d'un éloignement, suivant que la charge de la sphère est positive ou négative, la proposition peut se formuler comme suit :

Le potentiel d'une sphère électrisée représente le travail nécessaire pour faire passer la quantité q d'électricité, répondant à l'unité de charge, d'un potentiel nul au potentiel de la sphère, ou bien encore pour accroître d'une unité le chiffre de la charge de la sphère.

Pour un conducteur sphérique, en représentant toujours par V le potentiel à la surface, par Q la quantité d'électricité constituant la charge, et par ρ le rayon de la sphère, la valeur de V pourra s'écrire sous l'une des formes suivantes :

$$V = \frac{Q}{\rho} = q\,\frac{P}{4\pi A}\,\frac{1}{\rho} = \frac{q\rho\varepsilon}{\rho} = q\varepsilon. \tag{18}$$

Le potentiel d'une sphère d'un rayon égal à *un*, qui a pour charge l'unité de quantité d'électricité, est donc lui-même égal à l'unité.

C'est ainsi qu'on peut prendre, pour unité de potentiel, le potentiel d'une sphère d'un rayon égal à un, *ayant pour charge l'unité de quantité d'électricité.*

On déduit également de l'égalité précédente que, pour une sphère quelconque dont le potentiel est égal à l'unité, la valeur de la tension à la surface est égale à $\frac{1}{q}$.

Énergie potentielle du champ électrique. — Si un conducteur est mis en communication avec une source électrique, qui tende à en relever la tension, il se développe à sa surface, comme on l'a vu précédemment, des vibrations dynamiques qui communiquent une partie de l'énergie reçue au milieu général ambiant. Les tensions se relèvent à la surface de contact des milieux et s'étendent dans toute la profondeur du champ électrique, suivant la loi des tensions répondant à l'état général d'équilibre des milieux. En même temps, les déplacements qui résultent du mouvement vibratoire du corps électrisé développent dans le milieu général de l'éther des ondulations sphériques isochrones et de même intensité, dans toutes leurs phases, que la vibration elle-même. Si l'on interrompt la communication avec la source électrique, un état d'équilibre électrostatique s'établit entre les milieux. Les tensions sont égales à la surface de contact; les vibrations du corps électrisé deviennent pendulaires, c'est-à-dire de même intensité dans les deux phases de dilatation et de contraction; il en est de même des ondulations se développant dans toute l'étendue du champ électrique. *Le corps électrisé et son champ électrique constituent ainsi deux espèces de pendules se maintenant en parfaite harmonie et en parfaite correspondance, au point de vue des mouvements comme des tensions et, par suite, des énergies développées à la surface de contact des milieux.*

Cette correspondance parfaite des deux mouvements pendulaires isochrones des milieux est absolument nécessaire, d'ailleurs, au maintien de l'état d'équilibre électrostatique du corps électrisé. Il est évident que, si le milieu ambiant ne vibrait pas en parfaite harmonie avec le corps électrisé, les résistances qui naîtraient de ce défaut d'harmonie provoqueraient des échanges d'énergie qui troubleraient l'état d'équilibre électrostatique préexistant.

Mais *si l'énergie développée à la surface de contact des milieux* par les deux pendules est constamment la même, ces deux pendules doivent avoir *la même énergie potentielle.* Lorsque les pendules développent en communauté de tension leur maximum de vitesse correspondant à leur minimum de tension, l'énergie cinétique développée est en effet égale à l'énergie potentielle de chacun des pendules, et cette énergie cinétique est égale de part et d'autre.

Dans l'état d'équilibre électrostatique des milieux, *l'énergie potentielle du champ électrique est donc égale à l'énergie potentielle du corps électrisé.*

Travail nécessaire à l'électrisation d'un conducteur.— Pendant la période d'électrisation, le champ électrique se charge, en même temps que le corps conducteur, aux dépens de la source d'électricité. La quantité de travail dépensée, pour amener un conducteur à une tension déterminée, doit donc être égale au double de l'énergie que représente la charge du corps conducteur; ou, en d'autres termes, au double de son énergie potentielle.

Si l'on se reporte aux formules (18), qui donnent les valeurs analytiques de l'énergie potentielle d'un conducteur électrisé, on aura donc, pour la quantité de travail T à développer pour l'électrisation de ce corps, l'égalité

$$\text{(19)} \qquad T = V\frac{Q}{q} = V\left(\frac{P}{4\pi A}\right)$$

ou bien encore

$$\text{(20)} \qquad T = \rho\frac{V^2}{q} = \frac{1}{\rho}\left(\frac{P}{4\pi A}\right)^2 q.$$

La quantité de travail T *à dépenser pour électriser un conducteur à un potentiel donné est donc égale au potentiel multiplié par le rapport de la quantité d'électricité au coefficient de quantité, ou, en d'autres termes, égale au produit du potentiel par la charge.*

Cette égalité constante de l'énergie potentielle du corps électrisé et de son champ électrique est un fait d'une importance capitale dans la manifestation des phénomènes électriques. C'est ainsi que, dans les phénomènes de l'induction électrostatique, toute augmentation ou diminution d'énergie, portant soit sur le corps électrisé, soit sur le champ électrique, se répartit immédiatement entre les deux milieux et modifie leur état général d'équilibre.

On trouve une application du même principe dans la loi qui règle l'accroissement d'énergie d'un système de conducteurs à potentiels constants, soumis à des déplacements dans l'intérieur du milieu général. On sait que l'accroissement d'énergie du système est égal au travail accompli dans les déplacements par les forces électriques dont les conducteurs sont le siège. Les conducteurs étant maintenus au même potentiel, il en est de même des champs électriques; l'énergie dépensée pour maintenir les potentiels constants profite donc tout entière aux conducteurs en activité, et doit ainsi être égale, à chaque instant, à l'énergie dépensée par les forces électriques, ou, en d'autres termes, au travail effectif du système.

Induction électrostatique. — Si d'une sphère A électrisée positivement par exemple, on approche un cylindre isolé, on sait que l'on constate au point B du cylindre le plus rapproché de la sphère la présence d'électricité négative et, au point le plus éloigné C, la présence d'électricité positive.

Cherchons à nous rendre compte de ces phénomènes à l'aide de la théorie précédente.

La sphère A étant chargée positivement, les tensions du champ électrique sont également positives et, dans toute son étendue, l'élasticité du milieu est supérieure à l'élasticité normale de l'éther libre. Les tensions variant en raison inverse de la distance au centre de pression, elles sont plus élevées dans la région voisine de l'extrémité B du cylindre qu'autour de l'extrémité C plus éloignée de la sphère.

Les atomes de l'éther du champ électrique, animés de vitesses supérieures aux atomes du cylindre à l'état neutre, doivent céder à ces derniers, dès qu'ils entrent en contact avec eux, une partie de leur excédent d'énergie cinétique. Dès lors, les tensions tendent à s'élever sur toute l'étendue du cylindre, mais inégalement, l'énergie acquise par le cylindre, en chaque point de son développement, dépendant directement de l'excédent de potentiel du milieu ambiant. Les tensions intérieures du cylindre s'élèvent dès lors plus rapidement vers l'extrémité B que vers l'extrémité C.

Comme le cylindre est bon conducteur, une différence de tension entre les extrémités B et C ne peut se maintenir dans l'état d'équilibre électrostatique du corps. Un courant électrique s'établit de B en C dans l'étendue du cylindre et détermine entre les milieux un état d'équilibre dynamique, dont il convient de rechercher les conditions générales.

Un courant électrique dans la direction BC du cylindre comporte un transport d'énergie qui a sa source dans la partie du cylindre voisine de l'extrémité B et se porte dans la partie voisine de l'extrémité C. Cette énergie, empruntée au milieu ambiant, suppose la tension électrique du cylindre, dans la partie voisine de l'extrémité B, à un potentiel inférieur à celui du champ électrique. En d'autres termes, le cylindre, vers son extrémité B, se comporte comme un corps électro-négatif, par rapport au milieu.

L'extrémité opposée du cylindre, où vient s'accumuler l'excédent d'énergie du courant permanent BC, se tient, au contraire, à des tensions supérieures à celles de la partie correspondante du champ électrique. Par le fait de cette surélévation de potentiel à son extrémité C, le cylindre tend à restituer au milieu ambiant l'excédent d'énergie que lui apporte le courant et se comporte, par rapport à ce milieu, comme un corps électro-positif.

Une partie de l'énergie empruntée au champ électrique, dans le voisinage de B, est perdue ou plutôt transformée en énergie thermique par le courant BC. Cette consommation d'énergie, toujours relativement faible, ne change pas le caractère du phénomène, tel que nous venons de l'analyser. De part et d'autre du point neutre, les tensions du cylindre sont, par rapport au milieu ambiant, dans des conditions inverses. La partie du cylindre la plus rapprochée de la sphère électrisée emprunte au milieu ambiant une partie de son énergie potentielle, alors que l'extrémité opposée tend à restituer à ce même milieu l'énergie qui lui est transmise par le courant intérieur. Les différences de potentiel des divers points du cylindre, par rapport au milieu ambiant, sont d'autant plus marquées, dans un sens ou dans l'autre, que l'on s'éloigne davantage du point neutre. C'est ce que constate l'écartement des pendules doubles placés sur le cylindre, cet écartement augmentant de part et d'autre sur le cylindre, au fur et à mesure que l'on s'avance vers l'une des extrémités B ou C.

On remarque que sur le cylindre le point neutre est plus rapproché du point B que du point C. Cette circonstance tient à ce que les différences de tensions sont plus grandes entre le cylindre et le champ électrique vers l'extrémité B, la plus rapprochée du centre de pression, que vers l'extrémité C. L'activité du travail répondant aux échanges d'énergies entre les milieux est plus développée à la surface du cylindre, vers le point B que vers le point C. Par suite, pour une quantité à peu près égale d'énergie échangée, une étendue plus grande du cylindre est nécessaire vers l'extrémité C que vers l'extrémité B. C'est précisément ce que vient confirmer l'expérience.

L'intensité du courant, qui parcourt le cylindre induit, dépend de la différence de potentiel du fluide éthérique intérieur entre les deux pôles extrêmes. Cette différence de potentiel est en corrélation directe avec la différence de tension du champ électrique entre les points correspondants; mais elle lui est nécessairement inférieure. En tout cas ce courant ne peut avoir qu'une faible intensité, et la perte d'énergie correspondante, transformée par le courant en énergie thermique, ne peut apporter de troubles sensibles dans les caractères généraux des phénomènes précédemment analysés.

La chute du pendule placé à la partie postérieure de la sphère est la conséquence de la perte d'énergie du champ électrique au contact du cylindre induit. L'électricité à la surface de la sphère se porte plus vivement du côté du cylindre où les tensions ont baissé; ce transport d'énergie donne lieu à une perte de tension ou de potentiel à l'arrière de la sphère.

L'électricité nécessaire à l'électrisation du cylindre est empruntée au milieu ambiant, dont l'énergie potentielle tend à diminuer progressivement pendant la durée de cette électrisation. Mais l'état d'équilibre électrostatique de la sphère ne peut se maintenir qu'autant que l'égalité se rétablit entre son énergie potentielle propre et celle du champ électrique. Par le fait de cet emprunt d'énergie fait par le cylindre induit au champ électrique, l'énergie potentielle de la sphère centrale devient supérieure à celle du milieu ambiant; elle développe alors des vibrations dynamiques, de nature à transmettre au champ électrique une partie de son énergie propre, de manière à rétablir l'égalité nécessaire à l'état d'équilibre des milieux. Lorsque le cylindre induit est parvenu à son état d'équilibre électrique normal, la sphère et son champ électrique se retrouvent donc avec la même énergie potentielle. L'énergie cédée au cylindre conducteur provient ainsi, par parties égales, de la sphère et de son champ électrique.

L'énergie potentielle, dont se trouve animé le cylindre induit, reste, comme telle, une énergie disponible, qui revient au milieu ambiant et à la sphère électrisée, si le conducteur vient à être éloigné et porté en dehors des limites du champ électrique.

A la suite de ce premier effet de l'induction et par le fait du courant intérieur qui parcourt le cylindre dans la direction des moindres pressions, il se produit une perte d'énergie d'un caractère permanent mais dont l'influence est relativement faible. Néanmoins, nous devons théoriquement constater l'existence de ce courant, dont l'action se prolongera indéfiniment à la suite de l'induction du cylindre, mais en s'affaiblissant lui-même au fur et à mesure de l'abaissement de potentiel de la sphère.

Induction ou polarisation des diélectriques. — Dans l'intérieur des corps isolants où diélectriques, les pressions électriques ne peuvent se transmettre librement dans toutes les directions, comme cela a lieu dans les corps bons conducteurs. Toute action électrique s'exerçant sur un diélectrique met en jeu des forces ou des résistances spéciales, qui tiennent à la nature propre du corps et à sa constitution moléculaire. Cette question importante de la dépendance étroite où se trouve l'action électrique par rapport à la constitution spéciale de la substance du diélectrique devra être examinée en détail, lorsqu'il s'agira d'analyser l'action d'un diélectrique sur une ondulation en marche dans son intérieur, et de déterminer la nature et l'importance de la charge ou de l'énergie potentielle qui se trouve ainsi emmagasinée par le diélectrique aux dépens de l'énergie électrique de l'ondulation. Pour le moment, nous nous bornerons à faire ressortir les caractères essentiels de l'induction d'un diélectrique sous l'influence d'un corps électrisé placé dans son voisinage, et à résumer les faits caractéristiques de l'électrisation directe d'un diélectrique, pour les rapprocher de ceux de l'induction, sous l'influence d'un champ électrique.

Un diélectrique, à proximité ou dans le champ électrique d'un corps électrisé, ne tarde pas à présenter lui-même des caractères d'électrisation analogues à ceux signalés pour un cylindre conducteur. C'est ainsi que, si, comme dans l'expérience connue de Matteucci, on suspend au moyen d'un fil de cocon, au sein d'une cloche de verre remplie par de l'air desséché, de petites aiguilles de soufre, de résine ou de gomme laque, bien neutres, et que l'on approche d'elles un corps électrisé, on les voit se diriger vers lui, en exécutant des oscillations autour de leur position d'équilibre, comme le ferait une aiguille aimantée attirée par un barreau de fer. Tant que dure l'influence, l'aiguille donne des signes d'électrisation, contraires à celui du corps inducteur à leur extrémité la plus rapprochée, et de même sens à leur extrémité opposée. Les aiguilles présentent ainsi deux pôles de sens contraires; elles sont dites *polarisées*.

Dès que l'on éloigne le corps électrisé, les aiguilles paraissent revenir instantanément à l'état naturel, comme dans le cas d'un cylindre conducteur induit, qui serait brusquement soustrait à l'action de la sphère électrisée.

Le fluide éthérique renfermé dans le corps isolant se met donc promptement en équilibre de tension avec le milieu ambiant. M. Félici, dans les expériences dont il a rendu compte en 1874, a pu établir, en effet, que le temps nécessaire pour annuler complètement l'effet de la polorisation sur un cube formé d'une substance isolante est inférieur à $\frac{1}{1000}$ de seconde.

Si, au point de vue de la rapidité de transmission de l'action inductive, les expériences directes ne constatent aucune différence appréciable entre les corps isolants et les corps conducteurs, il n'en est pas de même de l'intensité des effets produits, qui sont toujours relativement très faibles pour les corps isolants. Cette infériorité d'énergie de l'action inductive exercée sur les diélectriques résulte du défaut de conductibilité ou d'élasticité du fluide éthérique dont l'état d'équilibre dépend d'une manière étroite de la constitution moléculaire de la substance matérielle.

Les expériences de M. Félici ont mis en évidence une autre différence essentielle se rattachant d'ailleurs à la même cause. Il remplaça le cube solide, dont il avait fait usage dans ses premières expériences, par un cube creux de même substance ; il constata que l'intensité des effets de l'induction décroissait avec la masse, la surface extérieure du cube restant la même ; l'effet devenait sensiblement nul, si l'épaisseur des parois du cube creux était réduite à de très faibles proportions. Il résulte évidemment de ces expériences que la polarisation n'est pas purement superficielle ; qu'elle constitue, au contraire, un phénomène profond, auquel paraît prendre part la masse entière de la substance.

Il en est de même de l'électrisation directe d'un diélectrique. Alors que la charge d'un corps conducteur se porte tout entière à la surface, l'électrisation d'un diélectrique, au contraire, pénètre à des profondeurs plus ou moins grandes, suivant l'intensité de l'action exercée par la source; en même temps, l'électricité semble se fixer sur les points où elle est parvenue à s'établir.

Si l'on électrise, par exemple, un corps isolant par le frottement, l'électricité développée se maintient sur les points frottés, ou dans leur voisinage immédiat; c'est ainsi que des points très rapprochés peuvent être à des tensions très différentes, ou même se trouver électrisés en sens contraires, et qu'une charge donnée peut affecter, sur un même corps, une infinité de distributions diverses.

Un bâton de résine, frotté avec une étoffe de laine, se charge d'électricité négative. Si, dans cet état, on le met en communication avec le conducteur d'une machine chargée d'électricité positive, les points touchés et même toute la surface pourront donner des signes d'électrisation positive, alors que la résultante de la charge totale, mesurée à l'aide du cylindre de Faraday, resterait encore négative. Si l'on abandonne dans l'air ce bâton de résine, l'électricité positive déposée par la source pourra se dissiper et le bâton donner de nouveau à la surface des signes d'électrisation négative.

Les charges électriques d'un isolant doivent donc pénétrer à une certaine profondeur; leurs actions à la surface peuvent être momentanément annulées, mais elles pourront y remonter et s'y manifester de nouveau, au bout d'un certain temps, si la cause première opposée à leur manifestation vient à disparaître.

On constate directement dans les expériences que la pénétration de l'électricité dans l'intérieur d'un diélectrique est relativement lente, et que sa conductibilité pour l'électricité est ainsi très faible. La difficulté qu'éprouve l'électricité dans l'intérieur d'un diélectrique est due vraisemblablement à la même cause que celle qui fixe et localise, pour ainsi dire, l'électricité dans l'intérieur de la substance, dès qu'elle est parvenue à s'y établir. Nous devons donc nous arrêter un instant pour chercher à déterminer la nature de l'obstacle qui s'oppose ainsi à la liberté d'allure de l'électricité dans l'intérieur des diélectriques.

Constatons tout d'abord qu'on ne saurait l'attribuer à une cause analogue à un frottement, lequel détruirait ou affaiblirait l'énergie électrique, en la transformant en énergie thermique. En effet, l'expérience établit que l'énergie électrique qui a pénétré un corps isolant y reste à l'état potentiel pour reparaître tout entière à la surface du corps au bout d'un certain temps, si l'action ou pression électrique qui l'avait forcée à s'avancer à l'intérieur vient à disparaître. Le phénomène, tel qu'il a été décrit, semble donc devoir être bien plutôt le résultat de tensions intérieures se développant par le fait des pressions électriques qui ont pénétré à l'intérieur du corps.

Par suite de la liaison intime de l'état d'équilibre du fluide éthérique renfermé dans le corps diélectrique avec l'état moléculaire de sa substance matérielle, les molécules déplacées par la tension du fluide feraient naître dans le milieu des résistances qui agiraient comme autant de ressorts tendus, pour arrêter les effets de l'action électrique. L'intensité de la pression du fluide irait en diminuant au fur et à mesure de sa pénétration dans le diélectrique; l'énergie correspondante se trouverait transformée par les résistances moléculaires en énergie potentielle, pour reparaître comme nous l'avons dit, dès que, la pression électrique venant à disparaître, les molécules matérielles pourraient revenir à leur état d'équilibre normal, restituant alors, comme autant de ressorts bandés, l'énergie emmaganisée pendant la période de tension.

Cette conception se trouve développée dans la théorie que M. Marx a produite des phénomènes de la condensation électrique.

L'étude analytique des conditions d'équilibre dans les condensateurs à plateaux et dans les condensateurs fermés lui a fourni, sur le mode d'électrisation des diélectriques placés entre les armatures, des indications importantes qui sont résumées ci-après et dont les développements *in extenso* se trouvent dans son travail autographié sur l'électricité.

Dans un condensateur à plateau, l'ondulation développée à la surface de contact par l'armature supérieure tend à pénétrer dans l'intérieur du plateau diélectrique. Par la pression qu'elle exerce, elle relève la tension du fluide éthérique intérieur qu'elle tend à porter en avant, avec les molécules matérielles, dont l'état d'équilibre est lié intimement à celui du fluide éthérique. Les molécules matérielles résistent à cette action d'entraînement, comme autant de ressorts bandés, et tendent à en retarder ou à en arrêter le développement. L'énergie de tension de l'ondulation se transforme ainsi progressivement en énergie potentielle des molécules déplacées; la pression qu'elle tend à exercer diminue au fur et à mesure de son avancement dans le diélectrique, et, si l'épaisseur du plateau est suffisante, elle finit par être totalement arrêtée dans sa marche. Pendant la période d'avancement, la tension électrique de l'armature à la surface du plateau est, à chaque instant, équilibrée en partie par la force élastique ou de tension, que conserve l'ondulation, au point où elle est parvenue, et son complément, par la somme des résistances mises en jeu, dans l'épaisseur des tranches successives du diélectrique, sur le passage de l'ondulation.

Dans ces conditions, si, par le fait de la décharge partielle ou totale de l'armature supérieure, la tension électrique, à la surface du plateau isolateur, vient à diminuer suffisamment ou à disparaître, les molécules tendent à revenir à leur position initiale en restituant, sous forme d'énergie électrique, se portant sur l'armature, les énergies mécaniques développées pendant la période de charge du condensateur et qui, par le fait du nouvel état d'équilibre des milieux, restent libres ou sans emploi.

Élasticité diélectrique. — L'étude analytique de l'équilibre d'un condensateur met en évidence les *forces élastiques totales* développées par le diélectrique, pour équilibrer les pressions ou tensions électriques des armatures, de part et d'autre du condensateur. Pour cette étude, comme pour l'ensemble des recherches antérieures, on n'a considéré, pour le fluide éthérique des milieux divers, que *la tension électrique,* c'est-à-dire la différence entre la valeur de l'*élasticité totale du fluide, dans le milieu considéré, et l'élasticité normale de l'éther, à l'état libre.* Dans l'étude des condensateurs, où l'on a à considérer l'*élasticité totale des diélectriques, on doit mettre en parallèle, non plus simplement la tension électrique* du fluide éthérique; *mais son élasticité totale,* que le fluide exerce son action à l'état libre, ou comme associé aux molécules matérielles, dans la constitution intime des corps conducteurs ou non conducteurs.

La tension normale du milieu général de l'éther *est désignée par* E, *et la tension élastique du fluide éthérique,* dans les divers milieux, *est représentée par la notation* U, *qui donne la somme de la tension élastique normale* E *et de la tension électrique correspondante du milieu, laquelle peut d'ailleurs être positive ou négative.*

Pour le condensateur à plateau, si l'on représente par U_0 *la tension élastique de l'ondulation émanée de l'armature supérieure, à son origine,* c'est-à-dire à son point de pénétration dans le plateau diélectrique, *et par* U *la valeur qu'elle garde après un trajet dans l'épaisseur du plateau, représentée par* l, *la loi ana-*

lytique des tensions élastiques, sur le trajet de l'ondulation, est donnée par la relation

$$U = U_0 e^{-Il},$$

dans laquelle I représente une constante spécifique du diélectrique, à laquelle on a donné le nom de *coefficient exponentiel d'induction,* ou bien encore simplement d'*exponentielle diélectrique.*

L'élasticité diélectrique, c'est-à-dire l'élasticité spéciale de la substance du diélectrique, que met en jeu le phénomène d'induction, est représentée par E_d. *Sa valeur analytique* a pour expression

$$E_d = IE.$$

L'élasticité diélectrique est donc égale au produit de l'élasticité normale E *de l'éther libre par l'exponentielle diélectrique du milieu. Par le fait, cette exponentielle diélectrique n'est autre que le coefficient de l'élasticité diélectrique de la substance, comparée à l'élasticité normale de l'éther libre.*

Si l'on représente par ε l'*épaisseur du diélectrique d'un condensateur à plateau, le rapport entre les tensions élastiques* U_0 *et* U_1 *des deux armatures,* qui se font équilibre de part et d'autre du plateau isolateur, *est donné par l'égalité*

$$\frac{U_0}{U_1} = e^{-I\varepsilon}.$$

L'exponentielle diélectrique du plateau isolateur, multipliée par l'épaisseur ε, *est donc le logarithme népérien du rapport des tensions élastiques des armatures.*

Il résulte de là, que, pour des condensateurs dont le rapport entre les tensions élastiques des armatures ne varie pas, les valeurs des exponentielles des diélectriques employés sont en raison inverse des épaisseurs des plateaux.

Si, dans le second membre de l'égalité ci-dessus, on pose *le coefficient* $I = 0$, *le rapport entre les tensions élastiques des armatures est égal à l'unité.* Cet état d'équilibre des armatures répond au cas où le diélectrique est *un corps conducteur,* ou mieux encore l'*éther libre.*

Dès lors, *si l'on suppose les diélectriques rangés dans l'ordre des valeurs croissantes des exponentielles diélectriques, l'éther figurant en tête avec le coefficient zéro, chacun des termes de la série n'est autre que le logarithme népérien du rapport entre les tensions élastiques des condensateurs correspondants, dans des plateaux de même épaisseur.*

La valeur analytique de l'exponentielle diélectrique peut être appliquée à la solution de questions diverses, se rattachant à l'état d'équilibre des condensateurs.

Pour assurer l'équilibre d'un condensateur, l'épaisseur à donner au plateau isolateur, dont la constante diélectrique est représentée par I, et dont les armatures se trouvent aux tensions U_0 et U_1, sera donnée par l'équation

$$\frac{U_0}{U_1} = e^{I\varepsilon},$$

d'où l'on déduit pour ε la valeur

$$\varepsilon = \frac{LU_0 - LU_1}{T}.$$

Si l'épaisseur du plateau d'un condensateur est insuffisante pour éteindre l'ondulation lancée par l'armature supérieure, ou du moins pour en abaisser la tension au niveau de la tension électrique de l'armature inférieure, *un courant de conduction se produit à travers le plateau,* jusqu'à ce que *le rapport des tensions élastiques des armatures, de part et d'autre du plateau diélectrique, soit descendu au niveau correspondant à la valeur* ($e^{I\varepsilon}$), donnée par le second membre de l'équation de condition.

Si l'on admet, par exemple, que pendant la période d'établissement d'équilibre du condensateur, l'*armature supérieure est en communication permanente avec une source d'électricité, au même potentiel que cette armature, le courant de conduction relèvera progressivement la charge de l'armature inférieure, jusqu'à ce que la tension élastique ait passé, de la valeur primitive* U_1, *à une valeur* U'_1, *donnée par la relation*

$$U'_1 = U_0 e^{-I\varepsilon}.$$

Si, au contraire, le plateau a une épaisseur supérieure à celle nécessaire pour éteindre l'ondulation émanée de l'armature supérieure, il devient le siège de deux ondulations, mises en marche par chacune des armatures opposées; ces ondulations, qui marchent en sens inverses, s'affaiblissent progressivement, dans les conditions précédemment analysées; elles viennent ainsi s'arrêter en un point où les tensions sont égales et se font réciproquement équilibre. La distance x du point d'arrêt des ondulations à la surface de contact du plateau diélectrique et de l'armature supérieure répond à l'expression analytique

$$\sqrt{\frac{U_0}{U_1}} = e^{-\left(\frac{\varepsilon}{2}-x\right)},$$

de laquelle on déduit, pour x, la valeur

$$x = \frac{\varepsilon}{2} + \frac{1}{2}\,\frac{LU_0 - LU_1}{T}.$$

Ces deux courants, qui marchent en sens inverses, répondent, *dans la théorie de Maxwell,* à ce qu'il appelle *un courant de déplacement,* qui est bien, en effet, *un courant fermé.*

L'exponentielle diélectrique a permis de déterminer, dans tous leurs détails, *les conditions d'équilibre des condensateurs,* ainsi que l'état des pressions élastiques, à la surface et dans l'épaisseur du diélectrique, sur le parcours des ondulations émanées des armatures. *L'exponentielle diélectrique,* qui, comme on l'a précédemment établi, représente le *coefficient de l'élasticité diélectrique,* répond à l'une des propriétés essentielles de la substance diélectrique; elle constitue une donnée importante et d'une application facile et bien déterminée, dans l'analyse mathématique des phénomènes divers, dans lesquels entre en jeu l'*élasticité intérieure des substances diélectriques.*

La constante diélectrique, en usage dans les théories actuelles, est d'une application beaucoup plus restreinte; son expression répond uniquement à la valeur relative de la *capacité électrique des condensateurs.*

Rapprochement des corps conducteurs et non conducteurs. — Les corps considérés sous le rapport de la conductibilité électrique ont, en général, des propriétés assez tranchées pour pouvoir être classés les uns comme conducteurs, les autres comme isolants ou diélectriques. Cependant l'expérience établit que les propriétés essentielles qui servent de base à cette classification ne sont pas exclusives et peuvent coexister dans une même substance. C'est ainsi que, si l'épaisseur du diélectrique d'un condensateur n'est pas suffisante pour éteindre l'ondulation en marche, le diélectrique, tout en opposant à l'ondulation la résistance propre à sa nature, devient le siège d'un courant de conduction, se propageant dans les mêmes conditions qu'à travers un corps conducteur. En définitive, tous les corps ont pu être rangés dans une seule et même série, où l'on passe, d'une manière à peu près régulière, des corps conducteurs aux isolants les plus parfaits.

Courants de déplacement et courants de conduction. — *L'onde électrique, sur son passage à travers un corps bon conducteur,* tend à imprimer aux molécules matérielles des oscillations isochrones avec les oscillations éthériques que comporte son mouvement général d'avancement. L'énergie de translation des molécules ainsi mises en mouvement s'accroît aux dépens de l'ondulation, qui s'affaiblit au fur et à mesure de son avancement dans le milieu conducteur. L'accroissement d'énergie de translation des molécules, transformé en énergie thermique, donne lieu à une élévation de température du corps conducteur. Nous devons nous borner, pour le moment, à la constatation de ces caractères généraux du courant de conduction, dont l'étude analytique appartient au domaine de l'Électrodynamique.

Les résistances d'un diélectrique à l'avancement d'une ondulation pénétrant dans son intérieur *sont de tout autre nature.* Le diélectrique se comporte, à l'égard de l'ondulation en marche, comme s'il était doué de deux élasticités distinctes, l'*élasticité diélectrique* proprement dite, dont nous avons eu à analyser l'action d'une manière spéciale dans l'étude de l'équilibre des condensateurs, et l'*élasticité éthérique,* en vertu de laquelle s'établit l'équilibre du fluide éthérique intérieur du diélectrique, au fur et à mesure de l'avancement de l'ondulation. La pression de l'ondulation se transmet progressivement d'une section à la suivante, dans l'étendue du diélectrique, sans perte d'énergie aucune, de la part du *fluide éthérique* lui-même, dont l'élasticité reste entière, comme à l'état libre.

Si l'épaisseur du diélectrique est suffisante pour arrêter l'ondulation, les tensions intérieures, résultant du courant de déplacement, sont données, dans l'étendue du diélectrique, par la formule analytique précédemment établie, savoir : $U_1 = U_0 e^{-1\varepsilon}$. *Mais, si l'énergie de l'ondulation est supérieure aux résistances* que peut lui opposer le diélectrique, *la part de tension électrique qui reste libre* à l'armature supérieure *donne lieu à un courant de conduction* qui relève progressivement la tension de l'armature inférieure, aux dépens de l'énergie active de l'armature supérieure. Ainsi qu'on l'a indiqué précédemment dans l'étude relative à l'état d'équilibre des condensateurs, le courant se prolonge jusqu'à ce que la différence de tension d'une armature à l'autre se trouve réglée d'après le degré de résistance que peut offrir le plateau au passage de l'ondulation émise par le plateau supérieur.

Le courant de déplacement comporte un mouvement d'entraînement des molécules matérielles et, par suite, une dilatation du diélectrique dans la direction de la marche en avant de l'ondulation. L'écartement plus grand que subissent les molécules du milieu diélectrique leur donne une liberté d'allure, qui leur permet de développer des oscillations plus étendues qui, alors, comme celles que développent les molécules des corps conducteurs, peuvent devenir isochrones avec les ondulations du fluide éthérique ambiant, et livrent ainsi passage à un courant de conduction de l'armature supérieure à l'armature inférieure du condensateur.

Le fait d'un diélectrique rendu assimilable par la dilatation à un corps conducteur est confirmé par nombre d'expériences directes. On sait, par exemple, que la dilatation produite par la chaleur suffit pour modifier, dans ce sens, les propriétés des corps isolants, de telle sorte que la plupart de ces corps tels que le verre, les cristaux, etc. deviennent conducteurs de l'électricité s'ils sont portés à la température rouge.

III. — ÉLECTRODYNAMIQUE.

Théorie des courants. — *Un fil conducteur, qui réunit les deux pôles d'une pile en charge* ou deux sources d'électricité à des potentiels différents, *devient le siège d'un courant électrique* dont l'action se manifeste par une élévation de température.

La source électrique, dont la tension est la plus élevée, provoque, à la surface de contact des milieux, des vibrations dynamiques dont l'intensité est nécessairement plus grande pour la phase de dilatation que pour la phase de retour ou de concentration. Ces vibrations provoquent, dans l'étendue du fil conducteur, des ondulations éthériques isochrones et de même intensité au départ que les vibrations, dans chacune des phases ou périodes correspondantes.

Les molécules matérielles du fil conducteur, dont l'état d'équilibre est lié intimement à celui du fluide éthérique intérieur, entraînées par le courant, suivent les mouvements de l'ondulation et développent des vibrations isochrones, dont l'intensité, comme celle de l'ondulation, est plus grande dans le sens de la dilatation ou de la marche du courant que dans le sens inverse. Les molécules matérielles reçoivent ainsi, dans la direction du courant, un accroissement d'énergie de translation, qui se traduit alors par une élévation de température.

L'énergie potentielle de l'ondulation et, par le fait, la tension électrique du milieu subissent une perte proportionnelle au fur et à mesure de l'état d'avancement du courant. Lorsque le courant est parvenu à l'état stationnaire, l'ondulation arrive à terme à la même tension que le pôle extrême ou que le milieu éthérique auquel aboutit le courant. Le travail de résistance du fil est alors égal au travail moteur que développe la source au départ de l'ondulation, à l'entrée du courant.

L'intensité du mouvement vibratoire développé à la surface de contact des milieux, à l'origine du courant, a pour mesure la différence de pression de la colonne éthérique, d'une extrémité à l'autre du fil conducteur, multipliée par le volume moyen du mouvement vibratoire dans l'unité de temps, et dont la valeur analytique est égale à l'étendue de la surface vibrante multipliée par la vitesse moyenne du mouvement vibratoire, en comptant comme positives les vitesses dans le sens de la dilatation, et comme négatives les vitesses de sens opposé.

Représentant par ε_1 et ε_0 les tensions élastiques des pôles ou des sources d'électricité à l'entrée et à la sortie du fil conducteur, par S la section transversale du fil à son origine et par V la vitesse moyenne de la surface vibrante, comptée comme il vient d'être dit, l'énergie développée par la vibration et transmise à l'ondulation, qui constitue le courant, a pour expression

$$(\varepsilon_1 - \varepsilon_0)SV,$$

qui donne pour le courant, à son état stationnaire, la relation

$$(\varepsilon_1 - \varepsilon_0)SV = \mathfrak{T}_m = \mathfrak{T}_r.$$

Si les pôles ou corps électrisés, auxquels aboutit le fil conducteur à chacune de ses extrémités, sont deux sphères égales, de rayon R, les tensions à la surface ε_1 et ε_0 ont pour expressions analytiques, savoir :

$$\varepsilon_1 = \frac{P_1}{4\pi A}\frac{1}{R},$$
$$\varepsilon_0 = \frac{P_0}{4\pi A}\frac{1}{R},$$

en représentant par P_1 et P_0 les quantités de travail développées dans l'unité de temps par la surface de chacune des sphères en vibration. La vitesse moyenne de vibration à la surface est, en même temps, donnée par l'expression $\frac{A}{R}$. Cette vitesse de vibration n'est autre, dans ces conditions, que la vitesse moyenne V imprimée à l'ondulation éthérique à l'origine du courant.

Multipliant le premier membre de chacune des équations ci-dessus par SV, et le second membre par son équivalent $S\frac{A}{R}$, puis soustrayant, membre à membre, la seconde égalité de la première, on obtient la nouvelle équation

$$(\varepsilon_1 - \varepsilon_0)SV = (P_1 - P_0)\frac{S}{4\pi R^2}.$$

Le premier membre n'est autre que l'expression de l'énergie transmise à l'ondulation dans l'état stationnaire du courant, énergie nécessairement égale au travail développé par le courant sur toute son étendue, ou bien encore au travail résistant opposé par le fil conducteur sur l'étendue du courant. Le second membre de l'équation établit que ce travail a pour valeur la différence algébrique du travail développé à la surface de chacun des pôles, multipliée par le rapport de la section transversale du fil conducteur à la surface totale de la sphère en vibration.

Si la tension ε, à l'extrémité du fil conducteur, est égale à zéro, ce qui suppose que, en même temps, le travail P_0 est nul, l'égalité précédente peut s'écrire

$$\varepsilon_1 SV = P_1 \frac{S_{\cdot}}{4\pi R^2} = \mathfrak{T}_m = \mathfrak{T}_r.$$

On retrouve, sous sa forme analytique, l'expression de la loi de Joule.

Lois générales des courants. — L'élasticité de l'éther est extrêmement considérable, et, dans les limites de tension que peuvent comporter les expériences sur les courants, le fluide éthérique peut être considéré comme incompressible. Les mouvements de compression ou de dilatation, imprimés au milieu par l'ondulation en marche, doivent donc se suivre dans le même ordre sur toute l'étendue du fil et développer, au passage de chaque section, le même volume que l'ondulation à son origine ou que la vibration de la section transversale du fil en contact immédiat avec la source d'électricité. *Dès lors, la vitesse, ou bien encore l'élongation de l'ondulation, dans chacune de ses phases, varie, sur l'étendue du courant, en raison inverse de la section correspondante du fil conducteur.*

Si, le fil conducteur restant homogène sur toute son étendue, sa section vient à varier, la masse des molécules matérielles entraînées par l'ondulation est, en chaque point, proportionnelle à la section du fil, mais les vitesses imprimées devant, en même temps, varier en raison inverse de la section, la quantité de mouvement acquise par les molécules matérielles, au passage de chaque section, garde une valeur constante dans toute l'étendue du fil conducteur. L'énergie thermique communiquée aux molécules ayant pour mesure le produit de la masse par le carré de la vitesse, sa valeur, pour une même quantité de mouvement, varie en raison inverse de la section du fil, et il en est de même de la perte d'intensité de l'ondulation, de l'origine à l'extrémité du courant, dans la marche normale ou stationnaire du courant.

Si l'on représente par s, s', s'', ... les sections transversales du fil, et par l, l', l'', ... les longueurs répondant sur chaque section à une même perte d'énergie du courant ou à une même chute de potentiel de l'ondulation, on a les égalités suivantes :

$$\frac{l}{s} = \frac{l'}{s'} = \frac{l''}{s''} \cdots$$

Si les différentes parties du circuit sont formées de substances diverses, la résistance opposée au courant pour une même substance se manifeste, comme on vient de le voir, par une perte d'énergie variant proportionnellement à la longueur du fil et en raison inverse de sa section transversale. Si l'on suppose le fil conducteur d'une section constante, mais formé, sur des longueurs égales, de substances de natures différentes, on peut prendre, pour mesure de la *résistance relative de chaque substance, la perte d'énergie de l'ondulation, ou bien encore sa perte de charge électrique sur la section correspondante du courant.*

Les valeurs r, r', r'', ... des pertes d'énergie correspondantes de l'ondulation *constituent, dès lors, les coefficients de résistance spécifique des substances considérées.*

Pour un fil conducteur, formé de substances différentes, les pertes d'énergie de l'ondulation seront les mêmes sur les parties diverses du circuit, si les longueurs, les sections et les coefficients de résistance correspondants, satisfont à la relation suivante :

$$\frac{rl}{s} = \frac{r'l'}{s'} = \frac{r''l''}{s''} \cdots$$

Les fils ou portions de fils conducteurs répondant à l'égalité ci-dessus peuvent se remplacer l'un par l'autre dans un circuit et sont, pour cette raison, dits *équivalents.*

Si l'on suppose, dans la relation précédente, $r' = 1$, $s' = 1$ et $l' = L$, on en déduit, par exemple, l'égalité

$$\frac{rl}{s} = L.$$

La longueur L *du fil normal, dont le coefficient spécifique de résistance est égal à l'unité, pour une section transversale égale à* un, *se nomme la longueur réduite du fil* rsl.

La perte d'énergie d'un courant à l'état stationnaire se répartit, sur le trajet de l'ondulation, proportionnellement aux résistances opposées par le milieu. La relation de condition de l'état d'équilibre des énergies développées sur l'étendue du courant peut se compléter comme il suit :

$$(\varepsilon_1 - \varepsilon_0)\mathrm{SV} = \left(\frac{rl}{s} + \frac{r'l'}{s'} + \frac{r''l''}{s''}\cdots\right) = \sum \frac{rl}{s} = \mathfrak{G}_m = \mathfrak{G}_r.$$

La perte d'énergie sur l'étendue d'une portion du fil conducteur, dont les éléments sont r_n, l_n, s_n, sera égale à $\frac{r_n l_n}{s_n}$.

La chute de potentiel de l'ondulation, ou la perte de tension électrique sur l'étendue du fil conducteur, sera elle-même proportionnelle à la perte d'énergie du courant ou bien encore à la résistance du fil conducteur sur chacune des sections considérées. Sur une section r_n, l_n, s_n la perte de tension sera donnée ainsi par l'expression

$$\frac{\varepsilon_1 - \varepsilon_0}{\sum \frac{rl}{s}} \times \frac{r_n l_n}{s_n},$$

ou bien encore

$$\frac{(\varepsilon_1 - \varepsilon_0)}{\mathrm{L}} \times \frac{r_n l_n}{s_n},$$

en représentant par L la longueur réduite ou la longueur du fil normal, pouvant remplacer l'ensemble des sections différentes dont se compose le fil conducteur du courant.

L'application des déductions qui précèdent permet donc de déterminer, sur toute l'étendue du fil conducteur, la valeur ou la ligne des tensions électriques du milieu éthérique. La chute de potentiel serait évidemment une ligne droite d'un pôle à l'autre, si le fil conducteur était de même nature et de même section sur tout le développement du courant.

Champ électrique d'un courant. — Le fil conducteur d'un courant est le siège de *vibrations* dont l'énergie dépend de la tension du fluide éthérique intérieur qui, en chaque point, n'est autre que celle de l'ondulation ou du courant sur la section transversale correspondante. *Ces vibrations provoquent, dans le milieu général ambiant, des ondulations cylindriques isochrones et de même intensité dont les tensions, dans l'étendue d'un même plan tracé perpendiculairement au fil conducteur, varient en raison inverse de la distance à l'axe du courant.* Comme conséquence directe et immédiate de cet état d'équilibre du milieu, perpendiculairement à la direction du courant, les tensions, le long de toute ligne menée parallèlement au fil conducteur, varient dans le même rapport que sur l'étendue du fil conducteur, ou, en d'autres termes, que sur l'étendue du courant.

Courants à courtes périodes. — Les courants à courtes périodes, tels que les courants alternatifs et les courants hertziens, dont on peut faire varier la durée et l'intensité à volonté, offrent, dans leurs conditions d'établissement et de propagation, des particularités qui peuvent dépendre à la fois de la nature du fil conducteur, de celle du milieu diélectrique et, en outre, de la durée de la période, dans laquelle est circonscrite la manifestation du phénomène. L'étude détaillée de ces manifestations spéciales des courants hertziens ou à courtes périodes, telle qu'elle est présentée dans l'étude complète sur l'Électricité, a permis de constater que les données de la nouvelle théorie analytique rendent compte, en toutes circonstances, des faits accusés par l'expérience.

Induction électrodynamique. — Dès lors que l'existence d'un champ électrique autour du courant se trouve établie, on en déduit les phénomènes de l'induction électrodynamique. En effet, si l'intensité d'un courant vient à se modifier, des modifications correspondantes se produisent nécessairement dans son champ électrique et l'on conçoit que tout corps conducteur noyé dans ce champ devienne le siège de courants.

Un circuit conducteur, noyé dans le champ électrique d'un courant en régime constant, tend à s'électriser par influence dans les mêmes conditions que celles analysées relativement à l'induction électrostatique d'un cylindre conducteur dans le voisinage d'une sphère électrisée. Si le circuit conducteur est parallèle au courant principal, les tensions varient dans le même sens que celles du courant, et proportionnellement à ces dernières, pour des points situés sur des perpendiculaires communes au fil conducteur et au circuit induit. Si le courant principal vient à être interrompu, les tensions baissent très rapidement dans l'étendue du champ électrique, qui retombe bientôt dans l'état d'équilibre normal de l'éther libre. Les tensions du fluide éthérique, dans l'intérieur du circuit induit, n'étant plus équilibrées par les pressions du diélectrique ambiant, un courant se produit dans le sens des moindres pressions, avec une intensité qui dépend de la différence de pression du milieu, d'une extrémité à l'autre du circuit conducteur. Ce courant spécial, qui est dirigé dans le même sens que le courant principal, est désigné sous le nom de *courant induit direct*.

Si l'on vient à rétablir le courant principal, le champ électrique se reconstitue promptement dans l'état de tension où il se trouvait avant l'interruption. Le circuit conducteur, qui était retombé à l'état neutre, s'électrise de nouveau par influence et tend à remonter, sur tout son développement, au même potentiel que le diélectrique, en chacun des points de contact des milieux. Le circuit conducteur se relève presque instantanément à sa nouvelle tension, sur une certaine épaisseur, au contact direct du diélectrique ambiant. Mais, ainsi qu'a permis de le constater l'étude des courants à courtes périodes, l'induction exige, pour atteindre des couches plus profondes, un temps relativement long et très appréciable. Pendant la première période de l'induction, on peut considérer le circuit conducteur comme formé d'un anneau superficiel, répondant à l'épaisseur de la couche atteinte par l'action inductive, puis d'un noyau intérieur plein resté encore à l'état neutre. Par suite de son accroissement de tension électrique, l'anneau superficiel se dilate et tend à occuper, autour du noyau ou de l'axe du circuit, la position que comporte son état de dilatation, position qui n'est autre que celle qui répond à l'état d'équilibre définitif des milieux en tension normale, tel qu'il existait avant l'interruption du courant principal. La dilatation de l'anneau superficiel donne lieu à une dépression du noyau intérieur, qui entraîne une perte de tension du fluide éthérique dont il est pénétré. Si l'on suppose le cylindre intérieur ou noyau central partagé sur sa longueur, en une série de tranches horizontales infiniment petites, le fluide éthérique de ce noyau central subit, sur la longueur de chacune des tranches, une perte de potentiel en rapport avec la dilatation de l'anneau superficiel, ou bien encore avec la tension électrique de l'éther ambiant, à la hauteur correspondante. La colonne du fluide éthérique du noyau central présente ainsi, sur son développement, une chute de potentiel égale à celle du diélectrique ambiant, sur la hauteur du circuit conducteur. Cette chute de potentiel provoque, dans l'étendue du noyau du circuit conducteur, un mouvement d'avancement, dont la vitesse est réglée, en chaque point, par la dépression du milieu, qui répond, comme on l'a vu plus haut, à la pression ou tension électrique du milieu ambiant à la même hauteur, autour du circuit conducteur. Ce mouvement d'avancement de la colonne éthérique est, en tous points, assimilable au mouvement d'avancement de l'ondulation d'un courant en marche, et constitue précisément ce que l'on est convenu d'appeler le *courant induit inverse,* parce que sa marche est dirigée en sens inverse de la marche du courant principal, rétabli dans ses conditions premières.

Le *courant induit direct* et le *courant induit inverse* répondent à la même chute de potentiel, qui n'est autre que la différence de tension du diélectrique ambiant sur la longueur du circuit conducteur, lorsque les milieux en contact sont revenus à leur état d'équilibre normal, en rapport avec le courant principal en marche régulière et avec son intensité première. Ces deux courants ayant, l'un et l'autre, même intensité, peuvent développer une même quantité de travail calorifique, mécanique ou chimique, ce que confirme l'expérience. Les tensions des ondulations de l'un et l'autre courant n'ont pas, toutefois, la même intensité en valeur absolue. Le courant direct peut produire, en effet, une étincelle que ne donne jamais le courant induit inverse. Cela vient de ce que, *pour le courant induit direct,* comme pour *l'extra-courant,* qui se produit à la suite d'une brusque interruption du courant principal, à l'énergie potentielle du fluide intérieur, résultant des tensions du champ électrique à la surface de contact du circuit conducteur, vient s'ajouter, pendant la durée du trajet du courant induit direct, l'énergie que transmettent à l'ondulation en marche les vibrations dynamiques développées à la surface du circuit conducteur, dont la tension baisse plus rapidement que celle du diélectrique ambiant. L'intensité de l'ondulation du *courant induit inverse* résulte, au contraire, uniquement de l'état des tensions du fluide éthérique intérieur sur la longueur du circuit conducteur, au moment où se produit le courant et où l'état d'équilibre général des milieux se trouve, par le fait, presque instantanément rétabli.

L'analyse des phénomènes d'induction magnétique, dont nous venons de rappeler les données fondamentales et les déductions principales, est susceptible d'un grand nombre d'applications, et, tout particulièrement, pour l'étude de la nature et du mode d'action et de propagation des ondes électriques d'ordres divers, sur lesquels l'attention de la Science a été appelée, depuis quelques années, d'une manière spéciale.

C'est ainsi que les dernières observations, relatives au mode de production des courants induits directs et inverses, semblent de nature à ouvrir la voie à une étude théorique de l'ensemble des phénomènes mis en jeu par la Télégraphie sans fil. La connaissance du mode de production d'un courant induit direct ou inverse, le long d'un fil conducteur noyé dans le champ électrique d'un courant interrompu ou brusquement rétabli, sera incontestablement d'un grand secours pour déterminer le rôle des antennes, soit au poste producteur, relativement à la nature ou à l'étendue des ondes émises, ainsi qu'à leur orientation à travers le champ électrique ambiant, soit au poste récepteur, pour ce qui regarde la direction et la longueur à donner à l'antenne pour la production du courant, qui doit agir sur le radioconducteur. La loi générale des tensions du champ électrique, autour d'un courant, permet de déterminer la valeur relative des tensions, en chacun des points d'un circuit conducteur qui doit donner passage à un courant induit; elle pourra donc être appliquée aux antennes productrices et réceptrices et permettre d'évaluer l'intensité relative des courants induits, en supposant connue l'intensité du courant principal avec l'ensemble des dispositions des divers éléments du système, au moment où doit se produire la mise en jeu.

IV. — RADIATIONS ÉLECTRIQUES. LEUR ASSIMILATION AUX RADIATIONS LUMINEUSES.

Radiations électriques. Caractères essentiels. — Nous comptions limiter à l'étude des courants l'application des données de la théorie précédente aux phénomènes de l'Électrodynamique.

L'importance donnée à la question d'assimilation des ondes lumineuses et électriques nous conduit à entrer dans quelques développements sur les caractères essentiels des radiations électriques, sur les ondulations hertziennes en particulier, et enfin sur les expériences qui ont permis de rattacher à une même origine ou à un principe commun, l'éther, les phénomènes optiques et les phénomènes électriques.

Toute modification ou oscillation dans l'état du fluide éthérique en tension à la surface d'un condenseur électrisé, aussi bien que dans l'intensité d'un courant parcourant un circuit, développe des vibrations dynamiques, qui, sous forme d'ondulations isochrones, rayonnent en tous sens dans le diélectrique ou milieu ambiant, transportant jusqu'aux limites extrêmes du champ électrique l'énergie nécessaire à l'établissement de l'état d'équilibre des milieux, ou au régime électrodynamique particulier, que comporte l'intensité des forces mises en jeu dans l'ensemble du système. Ces ondulations, qui peuvent transporter alternativement dans un sens ou dans l'autre les quantités d'énergie échangées entre les milieux, constituent de véritables *radiations électriques*.

Les ondulations et vibrations pendulaires qui maintiennent l'état d'équilibre électrostatique entre un corps électrisé et son champ électrique, sont absolument de même nature que les vibrations et ondulations dynamiques, qui président aux échanges d'énergie. Dans l'état électrostatique, les deux phases de la vibration et de l'ondulation, répondant, l'une à la dilatation, l'autre à la condensation des milieux, ont la même intensité : l'énergie potentielle ou cinétique des milieux se retrouve, sans modification aucune, à la suite de chaque vibration ou ondulation complète.

Ondulations hertziennes. — Les ondulations électriques peuvent, comme nous allons le voir, être de tous points assimilées aux ondulations lumineuses, avec cette seule différence qu'elles sont démesurément plus longues. Pour en étudier les caractères ou les propriétés spéciales, on a dû avoir recours à des ondulations beaucoup plus courtes que celles qui se produisent dans les conditions ordinaires de l'expérience.

Hermann Hertz, pour les besoins de ses remarquables expériences sur les radiations électriques, est parvenu à se procurer une succession non interrompue d'ondes alternatives, dont la longueur pouvait descendre au-dessous de un mètre, alors que la vitesse de propagation de l'électricité, dans l'air comme dans le vide, atteint, comme pour la lumière, 300000^{km} par seconde. L'appareil de Hertz, désigné par lui sous le nom d'*excitateur,* constitue un véritable *pendule électrique,* muni d'un mode de déclenchement particulier admirablement combiné et permettant d'obtenir une succession ininterrompue de courants alternatifs, changeant de sens de cent millions à un milliard de fois par seconde.

Concentrant avec un miroir parabolique un système d'ondes émanées de l'excitateur, le Dr Hertz a obtenu un véritable faisceau de radiations électriques périodiques, qu'il a soumis à un très grand nombre d'expériences.

Il a constaté ainsi que *les ondes électriques se propagent, se réfléchissent, se réfractent et interfèrent* comme les rayons lumineux.

Assimilation des ondes électriques et lumineuses. — Avant de conclure à une assimilation complète des rayons lumineux et électriques, il importait néanmoins de vérifier si les vitesses de propagation des deux sortes d'ondes sont bien identiques, dans les mêmes conditions.

M. Blondlot, par d'ingénieuses dispositions, est parvenu à mesurer directement la vitesse d'une perturbation électrique le long d'un fil conducteur. Le nombre trouvé diffère peu du chiffre de 300000^{km} par seconde, vitesse de la lumière dans le vide ou dans l'air. D'un autre côté, il résulte, des expériences d'interférences de MM. Sarrasin et de la Rive, que la vitesse des radiations électriques dans l'air est la même que celle d'une perturbation électrique le long d'un fil conducteur. On se trouve donc en droit de conclure que la vitesse des radiations électriques dans l'air et dans l'éther libre est la même que celle des ondes lumineuses dans les mêmes conditions.

La propagation des ondes lumineuses et électriques à travers les substances matérielles est une question très complexe. On sait qu'à travers les corps transparents les vitesses des rayons lumineux varient non seulement avec la constitution moléculaire des milieux, mais que, pour un même milieu, les vitesses se trouvent d'autant plus retardées que les ondes sont plus longues. Si, pour des ondes de même origine et de longueurs parfaitement comparables, les vitesses de propagation à travers les corps pondérables sont influencées à ce point, que doit-il arriver pour les ondes électriques, qui sont des millions de fois plus longues que les ondes lumineuses ? Les vitesses de propagation des radiations électriques peuvent, dans des conditions aussi diverses que celles qui se présentent sur leur passage, se trouver profondément modifiées sans permettre d'en rien conclure de contraire à leur assimilation avec les radiations lumineuses tant sous le rapport d'une commune origine qu'en ce qui concerne leur mécanisme ou mode de propagation à travers les substances matérielles.

On sait que les substances matérielles se classent d'une manière absolument différente, suivant qu'on les considère sous le rapport de leurs propriétés conductrices pour l'électricité ou de leur état de transparence pour la lumière. Les corps bons conducteurs de l'électricité sont généralement opaques pour la lumière, et inversement les corps isolants, qui arrêtent les radiations électriques, se prêtent pour la plupart au passage des ondulations lumineuses. Cette différence essentielle prend, à raison même de son caractère de généralité, une réelle importance ; mais, si l'on se reporte aux données de la théorie précédente, on verra qu'elle ne saurait mettre obstacle à ce qu'en principe on admette, pour les ondes lumineuses et électriques, une même origine, en même temps que l'application de principes communs en ce qui concerne leur mode de propagation à travers les corps.

Dans les corps bons conducteurs, les pressions électriques se transmettent librement en tous sens, et la vitesse de propagation est sensiblement la même que dans l'air ou dans l'éther libre ; les molécules matérielles vibrent à l'unisson de l'ondulation éthérique et reprennent leur position initiale à la suite du passage de chaque ondulation complète. Les corps bons conducteurs, parmi lesquels se placent les métaux en premier rang, sont généralement des substances ductiles, malléables ; leurs molécules, sous une pression donnée, se prêtent à des déplacements relativement considérables et à des vibrations de plus longue durée que celles que pourraient développer, dans les mêmes conditions, des substances rigides, comme sont en général les diélectriques ou corps isolants, par exemple le verre ou le soufre. C'est là vraisemblablement la raison principale qui permet aux molécules des corps bons conducteurs de se prêter à des vibrations isochrones avec les ondulations électriques d'une très grande étendue, alors que ces mêmes ondulations ne peuvent s'avancer librement à travers les corps isolants. Les molécules du diélectrique déplacées par le passage d'une ondulation se constituent, pendant la durée relativement longue de la phase de compression de l'ondulation, dans un état d'équilibre stable, que ne peut plus détruire le passage d'une ondulation nouvelle, d'ailleurs nécessairement très amoindrie dans son intensité.

En ce qui concerne les ondulations lumineuses, qui sont des millions de fois plus courtes que les radiations électriques et se succèdent dès lors avec une extrême rapidité, les mêmes milieux se comporteront d'une manière toute différente. Les molécules des corps rigides doués d'une très grande élasticité, comme le verre et la plupart des corps transparents, pourront développer des vibrations isochrones avec les ondulations lumineuses et leur livrer passage. Au contraire, les molécules d'une substance ductile et d'un faible coefficient d'élasticité ne pourront suivre dans leurs mouvements alternatifs la succession rapide des ondulations lumineuses. La molécule déplacée par le passage d'une ondulation n'aura pas repris sa position initiale à l'arrivée de l'ondulation suivante; elle se trouvera encore dans un état de tension que le choc de l'ondulation nouvelle ne pourra qu'accroître. Les molécules de la substance matérielle se maintiendront ainsi dans un état de tension élastique analogue à celui des molécules d'un corps isolant, déplacées sur le passage d'une ondulation électrique. Un état d'équilibre s'établira également entre les actions moléculaires, développées dans l'intérieur du corps non transparent par le passage de l'ondulation lumineuse, et la pression à la surface du corps. Les conditions dans lesquelles s'opère la transmission de la lumière à travers les corps transparents ou de l'électricité à travers les corps bons conducteurs sont donc les mêmes en principe. Il en est de même de l'état d'équilibre, qui s'établit à la surface des corps opaques d'une part, et des diélectriques d'autre part, pour arrêter dans leur marche les ondulations lumineuses ou électriques, qui tendent à les traverser. La diversité des phénomènes, suivant la nature des corps, dans l'un et dans l'autre cas, résulte, non d'une différence dans les lois ou dans les principes de la propagation de l'onde, mais uniquement d'une différence de rapport entre la vitesse de l'onde lumineuse et celle de l'onde électrique, et l'étendue des mouvements vibratoires compatibles avec l'élasticité si variable des substances matérielles.

Terminons par une dernière observation sur cette question de communauté d'origine des radiations électriques et des ondulations lumineuses. Les expériences comparatives de MM. J.-J. Thomson, Weitz, Arom et Rubens établissent que, pour certaines substances diélectriques de composition relativement simple, comme le soufre, le pétrole et certains hydrocarbures, la vitesse de propagation des ondulations hertziennes est inversement proportionnelle à l'indice de réfraction. On retrouve ainsi, pour le rapport des vitesses de propagation des radiations électriques à travers ces substances, la même loi que pour les radiations lumineuses.

L'éther qui, dans la théorie des ondulations lumineuses, n'est considéré que comme un simple agent de transmission, prendra une place beaucoup plus importante dans une théorie électromagnétique de la lumière, celle de principe et d'agent actif de toute radiation.

Réfraction. Dispersion. — Les expériences de Hertz, complétées par celles de MM. Hermann et de la Rive, ont établi qu'un faisceau de radiations électriques peut se *réfracter, diffracter*, *interférer* et *polariser,* de la même manière que les ondulations lumineuses.

Les théories actuelles sur la lumière subordonnent les phénomènes de *réfraction* et de *dispersion* à l'état d'équilibre de l'éther dans l'intérieur des corps et admettent que cet état d'équilibre varie avec la nature et surtout avec la constitution moléculaire de la substance matérielle. Le fait de la liaison intime de l'état d'équilibre du fluide éthérique ou électrique avec la nature et avec la constitution moléculaire des corps, nous l'avons vu, dans tout le cours de nos études analytiques précédentes, s'affirmer et se développer dans le double domaine des phénomènes de l'Électrostatique et de l'Électrodynamique. Nous l'avons montré, toute modification de tension, tout changement, toute perturbation dans l'état d'équilibre statique ou dynamique de l'éther renfermé dans un corps ou répandu à sa surface, donne lieu à des déplacements ou à des oscillations moléculaires de nature à faire naître des forces dynamiques, qui réagissent à leur tour sur le fluide éthérique, pour en modifier les conditions statiques ou dynamiques; et réciproquement tout changement apporté à l'état moléculaire d'un corps par des actions mécaniques ou autres, des frottements, de simples chocs, peuvent développer des tensions intérieures, modifier l'état d'équilibre des milieux et provoquer la manifestation de phénomènes électriques. Toutes ces actions et réactions intérieures entre le fluide éthérique et la substance matérielle s'opèrent, d'ailleurs, dans tous les phénomènes analysés, suivant les lois et les principes généraux de la Dynamique.

L'étude analytique du principe de la gravitation universelle a permis de reconnaître que, autour de la molécule matérielle, centre de dépression pour le milieu ambiant, l'éther se trouve dans un état d'équilibre contraint. Les tensions varient en raison inverse de la distance au centre de la molécule matérielle, mesurée en rayons de l'atmosphère d'éther condensé enveloppant la molécule. Ces tensions peuvent ainsi avoir, dans les limites des distances moléculaires, une intensité relativement considérable et exercer *une très grande influence* sur les propriétés physiques des corps pondérables.

La gravité qui résulte d'une réciprocité d'action primordiale entre l'éther et la molécule matérielle s'exerce d'ailleurs, d'une molécule à l'autre, d'une façon constante et permanente, sans être jamais arrêtée ou influencée, dans son intensité comme dans son mode d'action, par aucun obstacle ou force étrangère du second ordre telle que la chaleur, la lumière ou l'électricité.

On est donc conduit à rechercher si, d'un autre côté, les propriétés essentielles et permanentes que l'analyse des phénomènes de réfraction tend à attribuer au fluide éthérique renfermé dans les corps transparents, ainsi que dans les corps bons conducteurs de l'électricité, ne se rattacheraient pas à la loi des tensions de l'éther autour de la molécule matérielle telle qu'elle ressort de l'analyse de la gravitation.

Fresnel, dans sa théorie des ondulations, a admis en principe que, l'élasticité de l'éther gardant toujours la même valeur, sa densité était plus grande dans l'intérieur des corps pondérables que dans le vide.

D'autre part, pour l'analyse des phénomènes de double réfraction et de dispersion, les physiciens ont considéré, au contraire, l'éther comme incompressible, et ont admis que son élasticité avait une intensité plus faible dans l'intérieur des corps pondérables qu'à l'état libre.

Or ces deux hypothèses, en apparence contradictoires, reviennent à admettre l'une et l'autre que le rapport entre l'élasticité et la densité, duquel dépend la vitesse de propagation de l'onde, n'est pas constant pour l'éther, qu'il est plus petit dans l'intérieur des corps que dans le vide, ou bien encore que la loi de Mariotte, relative à l'état d'équilibre statique des gaz, n'est pas applicable à l'éther renfermé dans les corps pondérables.

C'est qu'en réalité la constitution du fluide éthérique dans l'intérieur ou à la surface des corps pondérables répond, non à un état statique du milieu, mais à un état dynamique : l'éther, autour de la molécule matérielle, centre de dépression, est, en effet, le siège permanent d'un transport d'énergie qui, de l'infini ou des limites extrêmes du milieu général, vient se porter sur l'atmosphère centrale pour lui restituer normalement la force vive perdue par ses atomes élémentaires au contact de la molécule matérielle, centre de dépression assimilable à un centre de refroidissement.

Avant d'aborder l'étude des conditions d'équilibre contraint du fluide éthérique renfermé dans un corps pondérable, considérons une molécule isolée dans le milieu général de l'éther et cherchons à préciser l'état du milieu ambiant dans le rayon de l'action gravifique de la molécule, au double point de vue de son élasticité et de sa densité.

Les tensions du milieu autour de l'atmosphère d'éther condensé de la molécule varient, comme on l'a vu, suivant une loi exprimée par la relation

$$e_x = \frac{P}{4\pi A}\frac{1}{x}.$$

Le coefficient P représentant la perte d'énergie au contact de la molécule, sa valeur, comme quantité de travail, est négative, et les tensions e_x du milieu général doivent être considérées elles-mêmes comme négatives. Ces tensions vont en diminuant en valeur absolue, à mesure que l'on fait croître la distance x du point considéré au centre de la molécule.

L'élasticité du milieu donnée par la formule

$$E_x = E + e_x = E + \frac{P}{4\pi A}\frac{1}{x}$$

va donc en augmentant avec la distance x au centre de la molécule. A la surface de contact des milieux, sa valeur est minima et a pour expression $E + \frac{P}{4\pi A}\frac{1}{\rho}$, en représentant par ρ le rayon de l'atmosphère moléculaire. A la limite extrême, ou pour $x = \infty$, le milieu remonte à son élasticité normale E.

Remarquons que la valeur analytique précédente deviendrait nulle pour $x = -\frac{P}{4\pi A}\frac{1}{E}$. Cette valeur est positive, puisque le facteur P est négatif, mais elle est nécessairement très petite, comparée même au rayon de l'atmosphère moléculaire. Le facteur $-\frac{P}{4\pi A}$ représente, en effet, la tension à la surface de l'atmosphère moléculaire si l'on prend son rayon comme unité de longueur; or, cette tension est nécessairement très faible par rapport au dénominateur E de l'expression ci-dessus, qui n'est autre que la valeur de l'élasticité normale de l'éther. Le point considéré se trouve ainsi dans l'intérieur de l'atmosphère d'éther condensé, et, par conséquent, en dehors des limites du milieu général entre lesquelles peut s'appliquer la loi des tensions donnée précédemment. Les déductions qui précèdent n'en restent pas moins parfaitement exactes comme conséquences analytiques et permettent de se rendre compte d'une manière plus complète du mode de variation de la fonction dans toute son étendue, et, par suite, dans la partie qui nous intéresse.

Reprenons donc la formule précédente sous la forme analytique

$$y = E_x = E + \frac{P}{4\pi A}\frac{1}{x}.$$

Cette fonction, partie analytiquement de la valeur zéro pour $x = -\frac{P}{4\pi A}\frac{1}{E}$, va en augmentant avec la distance x au centre de la molécule pour atteindre, à la limite ou pour $x = \infty$, la valeur E de l'élasticité de l'éther dans son état normal. Comme on l'a vu dans l'étude de la gravitation, la valeur de la tension du milieu général, représentée par le terme $\frac{P}{4\pi A}\frac{1}{x}$, varie très rapidement dans le voisinage de la molécule; elle est, en effet, à partir de la surface de contact des milieux, inversement proportionnelle en valeur absolue à la distance au centre, mesurée en fonction du rayon ρ de l'atmosphère moléculaire; or cette atmosphère est de l'ordre de grandeur du rayon de la molécule qui est lui-même, comme on l'a précédemment établi, extrêmement petit par rapport aux distances moléculaires.

Les valeurs de E_x seraient les ordonnées d'une branche d'hyperbole qui, rapportée à des axes passant par le centre de l'atmosphère moléculaire, aurait pour asymptotes l'axe des y d'une part, et, d'autre part, une parallèle à l'axe des x tracée à une hauteur E égale à l'élasticité normale du milieu général de l'éther.

L'équation précédente peut, en effet, se mettre sous la forme

$$x \times E_x \quad \text{ou} \quad xy = Ex + \frac{P}{4\pi A}.$$

La courbe coupe, comme on vient de le voir, l'axe des x très près du centre de l'atmosphère moléculaire à une distance $x = -\frac{P}{4\pi A}$; elle s'élève d'abord très rapidement jusqu'à une valeur de x égale à l'étendue du rayon de l'atmosphère moléculaire. C'est alors que commence la partie de courbe qui doit donner la valeur de E_x; l'inclinaison est encore très prononcée à l'origine, mais elle diminue progressivement en se rapprochant de son asymptote horizontale, qui peut être considérée comme la représentation de la tension normale E de l'éther.

Quant à la densité dans le champ d'action de l'action gravifique de la molécule, elle est, à la limite extrême du milieu, ou pour $x = \infty$, égale à la densité normale D de l'éther libre; au contact de l'atmosphère d'éther condensé de la molécule, elle devient égale à la densité même de cette atmosphère avec laquelle le milieu général est en équilibre de tension. Entre ces deux limites extrêmes, la densité du milieu général va en augmentant d'une manière continue, alors que la perte d'élasticité varie, au contraire, en raison inverse de la distance au centre de la molécule. Le rapport de l'élasticité à la densité du milieu va donc, par cette double raison, en diminuant, en se rapprochant de la molécule.

La vitesse d'une ondulation passant dans le champ d'action d'une molécule matérielle sera donc d'autant plus retardée qu'elle passera plus près de la molécule.

Mais allons plus loin et cherchons à déterminer la loi de variation de ce rapport duquel dépend, suivant la formule de Laplace, la vitesse de propagation de l'ondulation lumineuse.

Si l'énergie cinétique du milieu, ou, en d'autres termes, la force vive de translation de ses atomes élémentaires était constante, le rapport $\frac{E_x}{D_x}$ de l'élasticité à la densité du milieu garderait la même valeur $\frac{E}{D}$ que dans le milieu général à l'état libre. Mais la molécule matérielle entourée de son atmosphère d'éther condensé agit comme centre de dépression et peut ainsi être assimilée à un centre de refroidissement donnant lieu à une perte d'élasticité ou à un abaissement de température du milieu ambiant. Représentons par $(-t_x)$ cet abaissement de température pour un point situé à la distance x du centre de la molécule. Par suite de la perte de chaleur du milieu, la densité répondant à une tension donnée E_x augmentera dans le rapport de 1 à $1-\alpha t_x$, où t_x, considéré comme perte de température, a une valeur négative comme la perte de tension correspondante e_x. Le rapport de l'élasticité à la densité du milieu au point x aura donc pour expression

$$\frac{E_x}{D_x} = \frac{E(1+e_x)}{D(1+e_x)(1-\alpha t_x)} = \frac{E}{D}\left(\frac{1}{1-\alpha t_x}\right).$$

L'éther étant considéré comme un gaz parfait, on a, entre la perte de température et la perte de tension correspondante, le rapport

$$e_x = \tfrac{2}{3}\mathrm{HC}t_x,$$

en représentant par H l'équivalent mécanique de la chaleur et par C la chaleur spécifique de l'éther.

Le rapport $\frac{E_x}{D_x}$ peut donc également s'écrire

$$\frac{E_x}{D_x} = \frac{E}{D}\,\frac{1}{1-\frac{3}{2}\frac{\alpha e_x}{\mathrm{CH}}} = \frac{E}{D}\,\frac{1}{1-\frac{3}{2}\frac{\alpha}{\mathrm{CH}}e_x}.$$

La tension e_x est négative; mais, en valeur absolue, elle va en croissant au fur et à mesure que l'on se rapproche du centre de la molécule. Dans les mêmes conditions, le rapport $\frac{E_x}{D_x}$ de l'élasticité à la densité du milieu va donc lui-même en diminuant, en se rapprochant de la molécule matérielle.

Ce fait établi, si l'on suppose qu'une onde traverse le milieu général, sa vitesse de propagation se trouvera ralentie d'autant plus qu'elle passera plus près de la molécule, centre de dépression. Si, au lieu d'une molécule isolée, on a un groupe de molécules, l'action gravifique sur le milieu sera augmentée; elle sera à chaque point la résultante des actions partielles de l'ensemble des molécules. Une ondulation s'avançant dans le milieu éprouvera un retard d'autant plus grand qu'elle se rapprochera davantage du centre de gravité des molécules ainsi groupées.

Dans l'intérieur d'un corps pondérable le fluide éthérique subira, dans les mêmes conditions, l'influence gravifique des molécules constituantes. La vitesse de propagation d'une ondulation à travers un corps transparent pour la lumière, ou bon conducteur de l'électricité, sera donc en toutes circonstances plus faible que dans l'éther libre, et le retard sera d'autant plus marqué que les molécules seront plus nombreuses et plus serrées sur son passage.

Ces déductions analytiques mettent en évidence ce qu'ont de parfaitement fondé les hypothèses qui servent de base aux théories actuelles sur la réfraction et la dispersion; elles trouvent d'ailleurs, elles-mêmes, une confirmation directe dans un certain nombre de faits d'expérience.

Si un liquide réfringent, comme l'eau, est soumis à une compression, l'indice de réfraction augmente avec la densité. Si une substance réfringente subit, au contraire, une dilatation par le fait d'une élévation de température, on sait que l'indice de réfraction diminue en même temps que l'intensité du milieu.

L'analyse des phénomènes de *double réfraction* a conduit à admettre que les lignes de moindre élasticité pour l'éther et, par suite, de moindre vitesse des radiations lumineuses, répondent à celles de densité plus grande ou de compression de la matière pesante. On sait notamment que, si un corps transparent, comme le verre, est soumis à une compression, il devient bi-réfringent, et que la vitesse de transmission de l'onde est toujours minimum dans la direction de la force comprimante et maximum dans la direction perpendiculaire.

L'étude analytique des phénomènes de *dispersion* suppose au fluide éthérique un défaut d'homogénéité, qui serait le résultat d'actions des molécules matérielles faisant sentir leur influence à des distances se rapprochant de l'ordre de grandeur des longueurs d'ondes. Si l'on se reporte aux observations précédentes sur l'intensité des actions gravifiques dans le voisinage d'une atmosphère moléculaire, on comprendra facilement que, dans l'intérieur des corps pondérables, l'influence gravifique sur l'état d'équilibre contraint du milieu éthérique puisse s'étendre à des distances comparables aux longueurs d'ondes des radiations lumineuses. Les phénomènes de dispersion peuvent donc également se rattacher directement à l'action gravifique. Mais il faut reconnaître que cette cause est loin d'être la seule agissante ou dont il y ait lieu de tenir compte dans une analyse complète de phénomènes aussi complexes que ceux de la dispersion. C'est ainsi que les mouvements de rotation sur elles-mêmes des molécules matérielles enveloppées de leurs atmosphères d'éther condensé, peuvent développer dans le fluide éthérique ambiant des mouvements tourbillonnaires faisant sentir leur action bien au delà des limites des distances moléculaires.

Ajoutons enfin que Helmholtz, dans sa théorie de la dispersion anormale, admet que certaines molécules pondérables participent aux vibrations de l'éther qui les enveloppe et que l'absorption de certains rayons pourrait bien être le résultat de la transformation en énergie thermique de leur énergie cinétique ou de propagation. Cette hypothèse de Helmholtz se trouve d'ailleurs en parfait accord avec les bases de la théorie analytique des courants, telle qu'elle est présentée dans le Mémoire relatif à l'électrodynamique.

V. — ÉTUDE SUR LA NATURE ET LE MODE DE FORMATION DES ONDULATIONS DIVERSES DANS L'ÉTHER.

Ondulations gravifiques et ondulations électriques. — Les ondulations électriques, lumineuses et caloriques ont été assimilées entre elles et rattachées à l'action d'un même milieu, l'éther, qui est en même temps le principe actif et l'agent de transmission des actions gravifiques entre tous les corps ou leurs éléments constitutifs.

La vitesse de transmission des ondes électriques ou lumineuses, dans le vide et dans l'air, a été trouvée la même et égale à 300000^{km} à la seconde. Quant à l'action gravifique, les études de Laplace sur les variations séculaires des mouvements lunaires l'ont amené à conclure qu'elle devait se transmettre instantanément ou que, du moins, la vitesse de propagation ne pouvait être inférieure à cinquante millions de fois celle de la lumière.

On se demande, dès lors, comment, dans un même milieu élastique, peut se produire une telle disproportion entre les vitesses de transmission d'ondulations nées dans son sein, dont il est le principe actif, en même temps qu'il reste l'agent principal de leur transmission et même l'agent exclusif de leur propagation dans le vide des espaces planétaires.

L'éther, en temps que milieu élastique, restant toujours sensiblement le même dans sa constitution générale comme dans ses propriétés essentielles, on est conduit à admettre que la différence capitale constatée entre les vitesses de transmission des actions gravifiques et des actions lumineuses ou électriques doit se rattacher à la nature ou plutôt à la forme géométrique des ondes et à en rechercher les causes dans les conditions spéciales qui président à leur développement. C'est ce que nous nous proposons de faire dans l'analyse qui va suivre.

Tout d'abord, en ce qui concerne les phénomènes de la gravitation universelle, on sait que les ondulations du milieu général résultent de vibrations développées à la surface de l'atmosphère d'éther condensé de la molécule matérielle. Ces vibrations émanant du centre ne peuvent imprimer aux molécules du milieu ambiant que des déplacements longitudinaux divergeant eux-mêmes d'un centre commun, le centre de la molécule elle-même ou de l'atmosphère qui l'enveloppe. D'après la théorie de Huygens, ces déplacements concentriques et d'une parfaite régularité tout autour de la molécule donnent lieu, dans le milieu général ambiant, à des ondulations isochrones et de même intensité, se propageant en ondulations sphériques dans toute la profondeur du milieu et avec la vitesse propre aux ondulations longitudinales. La vitesse de transmission des actions gravifiques devra donc, suivant la formule de Laplace, être égale à la racine carrée du rapport de l'élasticité de l'éther à sa densité.

Les radiations, qui procèdent des vibrations électriques, se développent dans des conditions plus complexes que les radiations ou ondulations gravifiques. L'éther en tension renfermé dans un corps ou répandu à sa surface est lié intimement à la constitution moléculaire du corps : il ne peut se mouvoir sans donner lieu à un déplacement ou à un mouvement ondulatoire des molécules de la substance matérielle. Les vibrations, qui se produisent à la surface d'un corps conducteur électrisé, ne résultent plus uniquement d'une réciprocité d'action s'exerçant directement entre l'éther à la surface du corps en vibration et le milieu général ambiant. Les molécules matérielles noyées dans le fluide électrique répandu à la surface du corps font, pour ainsi dire, corps avec lui; elles sont entraînées dans le mouvement vibratoire, que le fluide en tension tend à développer à la surface du corps électrisé. La nature de la vibration se trouve ainsi modifiée d'une manière profonde, ainsi que son mode d'action sur l'éther ambiant.

Quelle que soit la forme générale du corps électrisé, la surface vibrante ne peut plus être considérée comme une atmosphère d'éther de forme sphérique assimilable à l'atmosphère enveloppant la molécule matérielle. La surface en vibration autour du corps électrisé prend nécessairement une forme polygonale, dont les molécules matérielles entraînées constituent les sommets, et dont les facettes extrêmement nombreuses sont formées par le fluide éthérique en tension, en s'appuyant sur les molécules qui, relativement, font l'effet de points fixes.

Or, les distances qui séparent les molécules matérielles enveloppées de leurs atmosphères d'éther condensé doivent être considérées, ainsi qu'on l'a établi au chapitre de la gravitation, comme très considérables par rapport à leurs propres dimensions, qui elles-mêmes sont d'un ordre de grandeur bien supérieur à celui des distances atomiques du fluide éthérique. Les faces polygonales en vibration autour du corps électrisé peuvent donc être considérées comme planes ou formées d'éléments sensiblement plans diversement inclinés sur la direction générale du mouvement vibratoire de la face entière.

Les déplacements imprimés aux atomes élémentaires du milieu ambiant à la surface d'un corps électrisé en vibration, ne partent donc plus d'un centre commun d'action, comme cela a lieu autour de l'atmosphère d'éther de la molécule matérielle. Ces déplacements doivent, à plus juste titre, être assimilés aux effets de chocs imprimés aux atomes du milieu par une série de surfaces planes en vibration ou s'avançant dans des directions diverses et avec des vitesses variables. Ces atomes, lancés avec des vitesses normales aux plans ou éléments plans en mouvement, viendront frapper les atomes du milieu de la tranche la plus voisine sous toutes les incidences. La transmission de la vitesse longitudinale, dont ils sont animés par le fait du choc direct des plans ou éléments plans, ne s'opérera plus de la molécule choquante à la molécule choquée, ou d'une tranche de molécule à la tranche suivante, comme dans le cas d'une ondulation longitudinale ou d'une ondulation sphérique se rattachant à un mouvement vibratoire central. Les chocs des molécules s'opérant sous toutes les incidences, par rapport à la direction de la vitesse initiale, feront naître dans le milieu des forces transversales, qui modifieront complètement les mouvements moléculaires et, par suite, la nature et le mode de transmission des ondulations correspondantes.

Dans ces conditions, l'ondulation électrique ne saurait, évidemment, affecter la forme simple de l'ondulation longitudinale ou de l'ondulation sphérique, qui ne comportent ni l'une ni l'autre, pour les molécules en mouvement, de composantes transversales ou perpendiculaires à la direction générale du mouvement d'avancement. L'ondulation électrique doit donc affecter une forme géométrique particulière, qui pourra non seulement modifier son mode de propagation et sa vitesse de translation, mais donner aux phénomènes qui en dérivent des caractères spéciaux. C'est ainsi que nous verrons les phénomènes de polarisation se rattacher tout spécialement à l'action des forces transversales issues du mode de formation de l'ondulation électrique et qui joueront un rôle important dans son mode de propagation.

Ondulations hélicoïdales. — La détermination de la forme géométrique de l'ondulation électrique et de son mode de propagation constitue un problème très complexe, mais sa solution ne s'impose pas nécessairement à l'établissement du fait général, que nous avons eu spécialement en vue dans ces études, à savoir que l'éther est le principe universel des forces, en même temps que l'agent de transmission des actions à distance dans la nature.

Néanmoins, l'importance de la question qui occupe une si grande place dans les préoccupations actuelles de la Science nous détermine à présenter le résultat de recherches sommaires, qui nous ont amené à reconnaître qu'il était possible d'aborder l'étude analytique des manifestations spéciales des actions lumineuses et électriques, et notamment des phénomènes de polarisation, sans recourir à l'hypothèse d'une élasticité d'un caractère spécial pour le fluide éthérique, et en attribuant dès lors à l'éther d'autres propriétés que celles afférentes à un gaz parfait soumis aux seules lois de la Dynamique.

Considérons un élément plan de surface S, s'avançant normalement et d'un mouvement régulier avec une vitesse V dans un milieu homogène indéfini, composé comme l'éther d'atomes élastiques doués de masse et de mouvement.

Si l'on représente par μ la masse d'une molécule, par n le nombre de molécules rencontrées par le plan ou venant tomber à sa surface dans un temps Δt, la quantité de mouvement imprimée aux éléments du milieu dans la direction de la vitesse V sera égale à $n\mu V$, et la force vive ou l'énergie cinétique du milieu se sera accrue dans la même direction d'une quantité représentée par $\frac{n\mu V^2}{2}$.

L'énergie transmise par l'élément plan en mouvement aux molécules refléchies à sa surface se propagera avec la vitesse que comporte la constitution propre du milieu, en conservant d'ailleurs intégralement sa valeur mécanique au départ. La transmission s'opérera sans altérer les énergies propres du milieu; les deux états dynamiques résultant de l'action de l'élément plan en mouvement, d'une part, et de l'autre, de la nature même du milieu, se superposeront l'un à l'autre.

Nous supposerons tout d'abord, dans l'étude de la question posée comme il vient d'être dit, que les atomes constituants du milieu général sont en repos, et nous chercherons à déterminer, dans ses éléments principaux, la forme ou la constitution géométrique du rayon de force ou d'énergie mécanique, qui tendra à se propager dans le milieu sous l'action de l'élément plan.

Considérons (*fig.* 2) un atome O, qui a reçu une impulsion V dans la direction de la normale à l'élément plan : cet atome vient choquer un autre atome de même masse O′ du milieu en repos, en un point m, la direction suivie faisant un angle α avec la ligne des centres OO′.

La vitesse V de la molécule O peut être décomposée en deux autres vitesses : l'une $V\sin\alpha$ dirigée suivant une parallèle OB au plan tangent MN, l'autre $V\cos\alpha$, suivant la ligne des centres OO′.

Par le fait du choc, la molécule O conserve dans la direction OB, parallèle au plan de tangence, la composante $V\sin\alpha$ de sa vitesse initiale; l'autre composante $V\cos\alpha$, suivant la ligne des centres, passe à la molécule O′.

La vitesse $V\sin\alpha$ de la molécule O peut être considérée comme formée elle-même de deux composantes, la première $V\sin^2\alpha$, dirigée comme la vitesse initiale suivant la ligne OV, la seconde suivant la ligne OC perpendiculaire à OV, qui est égale à $V \sin\alpha \cos\alpha$ et qui, dirigée de O en C, tend à éloigner la molécule O du point de tangence m.

Fig. 2.

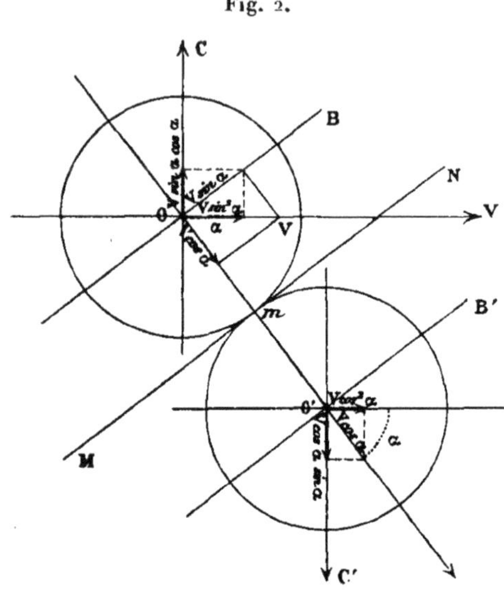

La vitesse $V \cos\alpha$ de la molécule O′ dans la direction de la ligne des centres peut également se décomposer en deux autres, l'une $V \cos^2\alpha$ parallèle à la vitesse initiale V imprimée par l'élément plan à la molécule O, l'autre $V \cos\alpha \sin\alpha$, qui lui est perpendiculaire, comme la composante de même valeur absolue de la molécule O′, mais dirigée en sens inverse, c'est-à-dire de O′ vers C′, et qui tend aussi à écarter la molécule O′ du point de tangence m.

Si, au moment du choc, la vitesse de la molécule choquante se confondait avec la ligne des centres, l'angle α étant nul, la molécule O transmettrait intégralement à la molécule O′ la vitesse dont elle est animée. Mais, dans les conditions générales où s'opèrent les chocs des molécules lancées normalement à sa surface par l'élément plan, en même temps que la molécule choquante transmet à la molécule choquée une partie de sa vitesse initiale, chaque molécule se trouve, après le choc, animée, dans une direction perpendiculaire à celle de la vitesse V, d'une vitesse de même valeur absolue, $V \cos\alpha \sin\alpha$, mais de sens opposés pour les deux molécules. L'introduction de ces deux forces latérales n'altère pas la quantité de mouvement du milieu général; mais, en modifiant les mouvements propres de chacune des molécules, elle doit nécessairement exercer une certaine influence sur la nature du mouvement imprimé au milieu, sur la forme de l'onde transmise, ainsi que sur son mode de propagation.

Si le choc, au lieu de se produire sur le quadrant supérieur au diamètre de la molécule O' parallèle à la vitesse V, avait lieu sous un même angle et du même côté du centre de la molécule, mais sur le quadrant inférieur, les vitesses des deux molécules resteraient les mêmes que précédemment, mais les vitesses transversales, tout en conservant les mêmes valeurs absolues, changeraient de sens pour chacune des molécules. Si une même molécule éprouve plusieurs chocs, les composantes parallèles à l'impulsion de l'élément plan seront toujours de même signe et s'ajouteront entre elles. Quant aux composantes transversales, qui peuvent être dirigées en sens contraires, il peut arriver qu'elles se fassent équilibre; en ce cas, leur résultante est nulle. Elle serait maxima pour une même série de chocs, répondant à des impulsions de même intensité et de même incidence de la part de la molécule choquante, au cas où tous les chocs auraient lieu sur le même quadrant de la molécule choquée.

Considérons maintenant, au lieu de deux molécules isolées, deux tranches de molécules de même épaisseur Δl; la première ayant reçu directement le choc de l'élément plan, ses molécules seront animées de la vitesse V, alors que la seconde sera encore à l'état de repos relatif du milieu général, dans les mêmes conditions qu'au moment où l'élément plan a commencé à se mouvoir.

L'énergie communiquée à la première tranche par l'élément plan en mouvement se conservera dans toute l'étendue du milieu; elle passera ainsi intégralement à la tranche suivante, dont toutes les molécules seront, dès lors, animées d'une vitesse V dans le sens longitudinal, égale à l'impulsion initiale. Mais en même temps, par l'effet des chocs, les molécules de la nouvelle tranche seront animées de vitesses transversales, variables d'une molécule à l'autre, en intensité comme en direction. A raison de l'homogénéité du milieu et du nombre considérable des molécules élémentaires de chacune des tranches, on peut admettre que les chocs auront lieu uniformément sous toutes les incidences, et qu'ainsi les vitesses transversales seront également réparties dans toutes les directions autour de la direction normale à l'élément plan. Les vitesses transversales varieront, d'une molécule à l'autre, de zéro à une valeur V, qui serait atteinte par exemple au cas de deux chocs dans un même quadrant sous l'incidence de 45° pour des molécules de la première tranche animées d'une vitesse V. Ces vitesses transversales pourront, en valeur absolue, varier avec la nature du milieu; mais pour un même milieu, elles resteront, en toutes circonstances, dans un même rapport avec la vitesse de translation V de l'élément plan.

Chaque molécule de la nouvelle tranche étant animée d'une même vitesse longitudinale V, en même temps que d'une vitesse transversale variable, l'ensemble de la tranche pourra tendre à se diriger suivant une série d'hélices concentriques de même pas, autour de la normale au centre de l'élément plan. C'est ce qui arrivera si l'on admet que les molécules viennent se grouper d'autant plus près du centre de rotation, que leurs vitesses transversales seront plus faibles. Dans ces conditions, les impulsions pourront se poursuivre de molécule à molécule par une série de chocs s'opérant normalement le long de chacune des génératrices hélicoïdales, sans donner lieu à des déviations nouvelles dans le sens transversal. La propagation du mouvement résultant de l'impulsion initiale de l'élément plan, dans toute l'étendue du milieu, s'opérera alors par une série de chocs normaux, le long d'hélices de mêmes pas développées autour de la normale à l'élément plan.

Nous ne nous arrêterons pas d'avantage sur cette question de la transmission d'impulsions imprimées par un élément plan en mouvement aux atomes élémentaires d'un milieu homogène, dont tous les éléments seraient originairement en repos; nous n'avons eu recours à cette hypothèse que pour développer des considérations générales qui nous permettent d'aborder plus directement le fait de la propagation d'impulsions de même nature dans un milieu élastique, homogène et indéfini comme l'éther. Rappelons d'ailleurs que les études dont nous allons rendre compte relativement à cette dernière question ne sont présentées que comme indications générales d'une voie nouvelle, dans laquelle une solution analytique du problème posé nous semble possible sans qu'il soit nécessaire de recourir à l'hypothèse d'une élasticité toute spéciale pour l'éther et en se maintenant dans l'application des lois générales de la dynamique propres aux milieux élastiques, doués de masse et de mouvement.

Reprenons, dans l'état où nous l'avons laissée, l'étude de la transmission d'impulsions imprimées par un élément plan en mouvement aux atomes d'un milieu homogène, et supposons qu'au lieu d'être en repos, les molécules du milieu soient animées d'un double mouvement très rapide de translation et de rotation sur elles-mêmes.

Les molécules poussées par l'action du choc de l'élément plan, avec une vitesse qui est la même pour toutes, et avec tendance à se grouper, comme on l'a vu, en une masse hélicoïdale s'avançant régulièrement autour de la normale à l'élément plan, s'entrechoqueront vivement en vertu du mouvement rapide de rotation qu'elles ont sur elles-mêmes ; comme elles sont d'ailleurs supposées de forme sphérique, elle ne tarderont pas à se polariser et à se mettre en giration de manière à constituer un véritable tourbillon autour de la ligne d'axe du groupement primitif. Les conditions dans lesquelles le phénomène se produit peuvent être assimilées à celles qui déterminent la formation des tourbillons, que l'on voit journellement se développer dans l'eau ou dans l'air, sous l'influence de causes extérieures d'une importance quelquefois bien faible, comparativement à l'énergie propre des tourbillons eux-mêmes. La rapidité du mouvement giratoire du tourbillon résulte, en effet, de l'énergie de rotation sur elles-mêmes des molécules polarisées, et ne se rattache que d'une manière indirecte aux causes extérieures qui ont provoqué le groupement des molécules. Mais une fois développé dans un milieu liquide ou gazeux, le tourbillon se transporte, comme on le voit souvent, avec une violence extrême, renversant sans se rompre les obstacles nombreux qu'il rencontre sur son passage.

Les atomes de l'éther sont, comme on le sait, animés d'une vitesse de rotation sur eux-mêmes, d'une très grande puissance. Dans le phénomène que nous avons à analyser, les molécules groupées par le fait de l'impulsion de l'élément plan en mouvement se trouveront donc, une fois polarisées, entraînées autour de la ligne d'axe dans un mouvement de rotation d'une énergie considérable, résultant des énergies de rotation que possèdent dans leur ensemble les molécules constituant le tourbillon. Lorsque le phénomène aura pris son allure normale, les forces centrifuges développées par le mouvement rapide de rotation de la masse des molécules devront se trouver contrebalancées, d'une part par une diminution de tension de l'éther compris entre la ligne d'axe du mouvement et la surface cylindrique formée par le groupement des molécules en rotation, de l'autre par l'élasticité propre du milieu ambiant. L'énergie du mouvement de rotation et, par le fait, la vitesse des molécules emportées dans ce mouvement dépendra directement de l'énergie du mouvement de rotation initial des molécules sur elles-mêmes. Quant à la grandeur du rayon de giration, elle pourra varier, sans doute, avec la masse des molécules et leur mode de groupement, suivant la nature de l'impulsion initiale et tout particulièrement avec la durée et la régularité des périodes de manifestation du phénomène. Le rayon pourra prendre des proportions considérables, comparé par exemple aux distances moléculaires du milieu, mais la vitesse d'entraînement des molécules qui dépend directement de leur vitesse de rotation initiale devra garder la même intensité.

D'un autre côté, la vitesse de propagation de l'onde produite par l'impulsion longitudinale de la surface en vibration reste elle-même constante, puisqu'elle dépend directement, pour un gaz parfait comme l'éther, de la vitesse de translation de ses atomes élémentaires, ainsi que cèla résulte de la formule analytique de Laplace.

C'est dans ces conditions générales que se développe le mouvement tourbillonnaire qui donne naissance à l'onde électrique répondant à l'impulsion initiale de la surface en vibration. Les molécules entraînées dans le tourbillon sont animées d'un double mouvement, l'un dans le sens longitudinal, c'est-à-dire suivant la direction de l'impulsion donnée par l'élément plan ou par la surface en vibration, et qui tend à imprimer à l'onde une vitesse de propagation en rapport direct avec la nature du milieu élastique, ou plus explicitement avec la vitesse de translation de ses atomes élémentaires; l'autre, dans un plan perpendiculaire à la ligne d'impulsion initiale, imprimant aux molécules une vitesse de rotation en rapport direct avec la vitesse de giration initiale des molécules sur elles-mêmes. Nous admettrons, par analogie avec la nature des mouvements tourbillonnaires, que nous voyons se développer dans l'eau ou dans l'air dans des conditions semblables, que le mouvement ondulatoire résultant de ces deux mouvements prendra la forme hélicoïdale; l'onde se propagera suivant des génératrices hélicoïdales enroulées sur un cylindre ayant pour axe la normale au centre de figure de l'élément plan en mouvement, ou, au cas d'un élément de forme quelconque, la résultante des impulsions de la surface en vibration. L'inclinaison des spires sur les génératrices du cylindre sera déterminée, dans les conditions ci-dessus indiquées, par la valeur relative des vitesses longitudinales et transversales des atomes élémentaires du milieu. Quant au rayon du cylindre autour duquel l'hélice doit être enroulée, il dépendra de l'intensité des forces centrifuges développées par le groupe des molécules en rotation, et devra varier avec les conditions qui ont déterminé ce groupement, c'est-à-dire avec le mode d'impulsion de la surface vibrante, et surtout avec l'étendue et la durée périodique des mouvements vibratoires.

Mais, en même temps qu'elles reçoivent de la nature du milieu cette double impulsion, d'où résulte la forme hélicoïdale, les molécules sont soumises aux forces longitudinales et transversales développées sous l'action de l'impulsion initiale de la surface en vibration. Les vitessses longitudinales détermineront, dans ses phases diverses, l'amplitude du mouvement ondulatoire, s'opérant, suivant les génératrices de l'hélice, avec la vitesse propre à l'élasticité du milieu. Quant aux forces transversales, elles varient, comme on le sait, proportionnellement aux forces ou impulsions longitudinales; elles sont uniformément réparties en tous sens dans un plan normal à la ligne d'axe du cylindre central. L'ondulation longitudinale, qui propage l'impulsion initiale suivant les spires de l'hélice, se trouve ainsi entraînée dans un mouvement de rotation autour de l'axe du cylindre, avec une vitesse qui, en chaque point de son développement, devrait être proportionnelle à la vitesse d'impulsion correspondante de la surface vibrante, ou bien encore à l'amplitude de l'ondulation. Mais l'éther, milieu homogène et indéfini dans tous les sens, tend à réagir d'une manière uniforme sur le développement entier de l'onde hélicoïdale en rotation. Pour que l'équilibre existe entre les forces centrifuges résultant du mouvement de rotation, d'une part, et d'autre part les résistances du milieu élastique dans lequel se meut le cylindre de l'hélice (ainsi que le comporte un état régulier et normal dans la marche du phénomène), il est nécessaire que le mouvement de rotation, sans rien perdre de son énergie initiale, se régularise sur la longueur de l'onde. En somme, le cylindre sur lequel l'onde est enroulée aura autour de son axe un mouvement régulier de rotation, dont l'énergie, sur la longueur d'onde correspondante, sera égale à la somme des énergies développées par les forces transversales sur le même parcours, avant la constitution normale de l'onde.

La propagation de l'onde s'opère alors régulièrement suivant les génératrices de l'hélice, avec la vitesse que comporte, pour une onde longitudinale, la nature du milieu élastique, qui, suivant la formule de Laplace, est égale à la racine carrée du rapport de l'élasticité à la densité du milieu. Mais si, au lieu d'être comptée suivant le développement de la génératrice hélicoïdale, la vitesse de transmission de l'impulsion initiale est prise sur la ligne d'axe ou suivant la direction même de l'impulsion de la surface en vibration, sa valeur se trouvera nécessairement réduite dans le rapport du pas de l'hélice au développement de la spire.

C'est ainsi que la vitesse de propagation de la lumière et de l'électricité dans la direction du rayon d'émission se trouve en disproportion si considérable avec la vitesse de transmission de l'action gravifique, qui, au lieu de suivre les contours d'une hélice, s'étend autour de l'atmosphère moléculaire en ondulations sphériques, dont la vitesse de propagation est la même que celle de l'ondulation longitudinale.

Les rides à la surface d'une nappe d'eau, autour d'un point dont l'état d'équilibre a été troublé par la chute d'une pierre, par exemple, paraissent se rattacher à la propagation d'ondes hélicoïdales, développées dans des conditions analogues à celles analysées pour l'onde électrique. Il en serait de même des vagues se propageant au loin à la surface de la mer, ou se développant de part et d'autre du sillage d'un navire.

Le déplacement des filets liquides, autour de la ligne de chute de la pierre, donne lieu à des vibrations dont l'action se propage en ondulations dans l'étendue de la masse fluide. Les vibrations qui se produisent autour de la ligne de chute de la pierre font naître, comme la vibration électrique, des forces transversales, et l'ondulation correspondante prend, dans les mêmes conditions, la forme hélicoïdale. La vitesse de propagation de l'onde liquide, mesurée suivant la ligne d'impulsion initiale, doit, comme l'onde électrique, se trouver de beaucoup inférieure à la vitesse de propagation d'une onde longitudinale dans le même milieu. L'expérience établit, en effet, que la propagation des rides à la surface d'une nappe d'eau, comme celle des vagues en pleine mer, est beaucoup moins rapide que celle du son, par exemple, se transmettant par ondulations longitudinales ou sphériques.

Les rides à la surface de la nappe d'eau répondent à l'action des forces centrifuges développées par le mouvement de rotation des ondes hélicoïdales superposées; leur puissance ou leur hauteur diminue avec la distance au centre d'action, comme l'énergie du mouvement ondulatoire, qui se développe en ondulations sphériques autour de la surface en vibration.

L'ondulation électrique est susceptible de *polarisation* dans les mêmes conditions que l'ondulation lumineuse.

On admet, dans les théories actuelles sur la lumière, que le rayon lumineux est composé uniquement de vibrations transversales, qui, pour la lumière ordinaire, sont uniformément réparties dans toutes les directions. La polarisation consiste dans l'orientation de toutes ces vibrations suivant deux plans perpendiculaires l'un à l'autre; le rayon primitif se trouve partagé en deux rayons polarisés d'égale intensité : le rayon ordinaire, qui a ses vibrations perpendiculaires au plan de la section principale, est dit *polarisé dans le plan principal;* le rayon extraordinaire polarisé dans le plan de symétrie a ses vibrations dans le plan de la section principale. Un rayon déjà polarisé se divise également, par son passage à travers un cristal biréfringent, en deux rayons polarisés, l'un dans le plan de la section principale, l'autre dans le plan de symétrie du nouveau cristal, en suivant, pour le partage de l'intensité première, la loi de Malus.

Dans la théorie qui vient d'être développée, l'ondulation hélicoïdale comporte la transmission longitudinale de l'impulsion de la surface vibrante, dans les mêmes conditions qu'une ondulation longitudinale, mais elle est animée, en outre, d'un mouvement de rotation sur son axe qui résulte des vitesses transversales issues du choc des molécules du milieu, sous l'action des vibrations non concentriques de la surface du corps électrisé. C'est la transformation de ce mouvement de rotation normal à la direction de l'impulsion longitudinale en deux mouvements transversaux, perpendiculaires l'un à l'autre, qui produit la polarisation de l'onde ou du rayon primitif, et cela dans les mêmes conditions que celles admises par les théories actuelles.

A l'entrée du cristal biréfringent, la vitesse transversale ou de rotation de chacune des molécules de l'onde électrique se partage, conformément aux lois de la mécanique, en deux composantes dirigées l'une suivant la perpendiculaire au plan de la section principale, l'autre suivant la perpendiculaire au plan de symétrie. Au mouvement de rotation se trouvent substitués deux mouvements d'oscillation d'égale intensité, agissant, l'un perpendiculairement au plan de la section principale, l'autre perpendiculairement au plan de symétrie.

Sous l'influence de ces deux mouvements ondulatoires de même intensité, s'exerçant suivant deux directions perpendiculaires l'une à l'autre dans des plans normaux à l'axe du cylindre hélicoïdal, l'onde primitive se partage en deux ondes d'égale intensité, entraînées, l'une, celle qui donne le rayon ordinaire, par le mouvement oscillatoire normal au plan de la section principale, l'autre, qui constitue le rayon extraordinaire, par le mouvement oscillatoire normal au plan de symétrie. Les deux nouvelles ondes ont même pas, même rayon hélicoïdal, et sont isochrones avec l'onde primitive.

Si l'onde qui se présente pour traverser le cristal biréfringent est polarisée, au mouvement de rotation propre à l'onde ordinaire se trouve déjà substituée une orientation de toutes les molécules, qui leur imprime un mouvement d'oscillation perpendiculaire au plan de polarisation. Toutes les molécules se trouvent ainsi animées de vitesses transversales, ayant même inclinaison sur le plan de la section principale du nouveau cristal. Le rayon polarisé tombant sur le cristal se partagera donc en deux autres de la même manière que le fait un rayon non encore polarisé, mais on conçoit que les intensités relatives des deux rayons ainsi produits soient proportionnelles l'une au carré du cosinus, l'autre au carré du sinus de l'angle que forme le plan de polarisation primitif avec le plan de la section principale du nouveau cristal.

On a admis, pour l'étude analytique du phénomène de polarisation, que la surface en mouvement dans le milieu élastique développait des vibrations harmoniques. On peut se rendre compte, par une construction géométrique, de la nature des transformations que la polarisation fait subir, dans ce cas, à l'ondulation électrique ou lumineuse, dans son passage à travers un corps biréfringent. On peut représenter chacune des nouvelles ondes sur son plan de polarisation, par une sinusoïde, dont les abscisses sont les projections sur l'axe de l'hélice des longueurs parcourues sur la spire, et dont les ordonnées sont proportionnelles aux élongations ou bien encore aux vitesses correspondantes de l'ondulation. Le mouvement de la vibration transversale sera figuré sur le plan normal au plan de polarisation par une autre sinusoïde, dont les abscisses seront, comme pour l'onde elle-même, prises sur l'axe du cylindre, et dont les ordonnées représentant les vitesses correspondantes du mouvement vibratoire de l'axe, et par suite de l'onde elle-même, seront, comme on le sait, proportionnelles aux élongations ou bien aux vitesses correspondantes de l'ondulation.

Les deux nouvelles ondes étant polarisées dans des plans perpendiculaires l'un à l'autre, avec vibrations transversales s'opérant dans des directions normales aux plans de polarisation, il est évident qu'on ne pourra jamais amener ces deux ondes à avoir une ligne de propagation commune, de manière à donner lieu à un phénomène d'interférence. Il en serait tout autrement de deux ondes qui, ayant une origine commune, seraient polarisées dans un même plan ou dans des plans parallèles.

L'ondulation hélicoïdale se prête ainsi, dans les mêmes conditions que l'onde transversale, à la polarisation des rayons lumineux et électriques par un corps biréfringent. Mais des expériences récentes ont révélé des faits spéciaux qui, pour les faibles longueurs d'onde, constituent des dérogations aux lois générales de la polarisation et de la réfraction. On a constaté, en effet, que l'indice de réfraction augmente régulièrement et tend à se rapprocher de l'unité, quand la longueur d'onde diminue et tend vers zéro. Les rayons Röntgen ne subissent pas de réfraction et ne sont polarisés par aucun des milieux polarisants ordinaires, Il a paru intéressant de rechercher si ces phénomènes exceptionnels et d'un caractère particulier peuvent se concilier avec les développements donnés précédemment sur la constitution hélicoïdale de l'onde électrique ou lumineuse.

L'inclinaison des spires sur l'axe étant la même pour toute ondulation hélicoïdale, si la longueur d'onde diminue et tend vers zéro, la longueur de la spire, comme celle du rayon ρ du cylindre hélicoïdal, doit diminuer dans le même rapport. D'un autre côté, ce rayon diminue avec le nombre des atomes en mouvement par unité de longueur ou par unité de surface de l'ondulation; la diminution du rayon est même d'autant plus rapide que le nombre des atomes en *mouvement se trouve plus réduit, ou, si l'on veut encore, que le* rayon lui-même est devenu plus petit et la durée de l'onde plus courte. On peut admettre que la vibration initiale soit arrivée à une telle rapidité ou d'une durée tellement faible, qu'elle puisse être assimilée, jusqu'à un certain point, à une série de chocs instantanés, qui n'atteindraient plus, à chacun des mouvements alternatifs, qu'un nombre extrêmement restreint d'atomes du milieu ambiant. Par le fait, l'étendue du rayon de l'onde hélicoïdale aura pu descendre au-dessous de l'ordre de grandeur des distances moléculaires, de telle sorte que sa propagation à travers les corps pondérables puisse se faire à peu près librement, quelle que soit la constitution des corps. L'expérience établit, en effet, que, pour les faibles longueurs d'onde, tous les corps tendent à la transparence. C'est ainsi que, pour les rayons Röntgen, tous les diélectriques semblent devenir bons conducteurs et donner libre passage à l'onde dans toutes les directions.

L'onde hélicoïdale, réduite à de faibles dimensions transversales, pourra traverser les corps réfringents, sans se rapprocher autant du centre des molécules matérielles; elle se tiendra dans des régions dont l'état élastique du milieu éthérique ne sera plus que relativement peu modifié par l'action gravifique des atmosphères moléculaires; elle trouvera ainsi une voie d'un parcours plus facile, suivant laquelle la vitesse de propagation se rapprochera nécessairement de celle répondant au milieu général de l'éther dans son état normal. La réfraction du rayon hélicoïdal, comme cela ressort des expériences les plus récentes, est, en effet, d'autant moins accusée que le rayon de l'hélice devient plus petit ou que la période de l'ondulation est plus courte. C'est ainsi que les rayons Röntgen n'éprouvent plus de réfraction à travers les corps classés comme corps réfringents, tels que l'air, l'eau, le verre, le sel gemme, le sulfure de carbone, non plus qu'à travers les corps métalliques tels que le zinc et l'aluminium.

On sait aussi que ces même rayons ne sont polarisés par aucun des milieux polarisants ordinaires; mais ce fait peut se rattacher au précédent, la polarisation comportant nécessairement une double réfraction de la lumière à travers les corps biréfringents.

Les rayons ultra-violets et les rayons Röntgen ont la propriété d'opérer la décharge des corps électrisés sur lesquels ils sont projetés. Cette action paraît être la conséquence directe de l'ionisation du gaz ambiant dissocié par le passage des ondes à très courtes périodes, par lesquelles se propagent ces rayons. En ce cas, la nouvelle propriété signalée devra se rattacher, sans doute, à l'origine tourbillonnaire des ondulations. On sait, en effet, que le mouvement tourbillonnaire, sous l'influence duquel se constitue l'onde hélicoïdale, a toujours, à la surface du cylindre autour duquel s'enroule l'hélice, une même vitesse, qui n'est autre que la moyenne vitesse de rotation sur eux-mêmes des atomes du milieu général de l'éther. La force centrifuge développée par le mouvement de giration croît donc en raison inverse du rayon du cylindre hélicoïdal. On conçoit que, pour des ondes aussi courtes que celles des rayons ultra-violets ou des rayons Röntgen, cette force ait pu se développer suffisamment pour opérer la dissociation des éléments constituants des molécules, entre lesquelles, à raison de ses faibles dimensions transversales, l'onde se sera introduite dans son mouvement de propagation, donnant lieu ainsi à l'ionisation du milieu traversé.

La forme hélicoïdale de l'onde fournit donc des éléments nouveaux à une étude détaillée de ces phénomènes d'une nature exceptionnelle, révélés par de récentes expériences.

Note additionnelle.

Nous avons déjà dépassé de beaucoup le cadre des observations que nous comptions présenter relativement à la forme géométrique de l'onde électrique ou lumineuse; question complexe, que nous n'abordions que pour ouvrir la voie à une étude analytique, qui nous semblait devoir aboutir à une solution satisfaisante des faits d'observation, sans hypothèse nouvelle et sans sortir de l'application des principes généraux de la Mécanique.

L'importance qui s'attache, en ce moment, à la solution de tout un ensemble de phénomènes spéciaux, sur lesquels l'attention a été appelée par les découvertes récentes du professeur Röntgen et qui se trouvent résumées dans la Notice de M. H. Poincaré, insérée à l'*Annuaire* de 1897, nous engage à ajouter encore quelques observations à celles qui terminent le Chapitre précédent, au sujet des particularités ou propriétés spéciales des rayons cathodiques et des rayons Röntgen, rapprochées des caractères que la force hélicoïdale peut imprimer au mode d'action de l'onde électrique ou lumineuse.

Si le tube de Crookes est soumis à l'action d'un aimant, les rayons cathodiques sont déviés comme le serait un courant électrique. Il n'en est pas de même des rayons Röntgen, qui poursuivent leur trajet rectiligne.

Nous avons été amené, dans l'étude des phénomènes déjà analysés, à assimiler les rayons Röntgen à des rayons ultra-ultra-violets, d'une période excessivement courte et dont le rayon hélicoïdal se trouve réduit de beaucoup au-dessous des distances moléculaires des milieux traversés. Examinons ce qui devra arriver, si une onde de cette nature passe à proximité d'un aimant. Dans ces conditions, si, par exemple, la série qui constitue la moitié de l'onde la plus rapprochée est attirée, les courants de l'autre série ou de la contre-partie de l'onde seront repoussés par l'aimant. Dès lors, si l'on admet que le rayon du cylindre hélicoïdal est suffisamment petit pour que sa longueur devienne négligeable par rapport à la distance au corps aimanté, les deux actions exercées sur l'ensemble de l'onde, l'une attractive, l'autre répulsive, seront sensiblement égales et se feront équilibre, de telle sorte que l'onde ne paraîtra aucunement influencée et son trajet se poursuivra sensiblement en ligne droite. C'est bien là ce qui arrive pour les rayons X, tandis que les rayons cathodiques, gardant encore en partie les propriétés de la lumière ordinaire, sont déviés par l'aimant.

Dans les expériences de Lafay, où l'on fait passer un faisceau Röntgen à travers une plaque très mince d'aluminium chargée d'électricité, les rayons paraissent reprendre, dans une certaine mesure, la sensibilité des rayons ordinaires aux actions magnétiques. Mais le phénomène semble pouvoir s'expliquer, sans avoir recours à un changement dans la forme et la nature de l'onde. On a vu que les rayons Röntgen, par le fait de la dimension extrêmement réduite du rayon hélicoïdal, peuvent passer à travers les molécules des gaz qu'ils rencontrent sur leur passage. C'est ainsi que s'est expliquée l'ionisation d'un milieu traversé par les rayons X. Or, les molécules d'air dans toute l'étendue du champ électrique, de part et d'autre de la plaque d'aluminium chargée d'électricité, sont électrisées par induction. Dès lors, l'ondulation Röntgen, entraînée par ces molécules soumises à l'action d'un aimant, pourra paraître devenue sensible elle-même à l'influence magnétique. On sait, du reste, que les caractères du phénomène sont les mêmes, soit que le faisceau rencontre le champ magnétique avant la plaque électrisée, ou qu'au contraire il ne rencontre le champ électrisé qu'après la plaque. L'onde n'accuse donc aucune modification dans ses propriétés du fait de son passage à travers la plaque électrisée.

Les rayons Röntgen ne donnent lieu à aucun phénomène de la nature des *franges de diffraction*, qui s'observent sur le bord des ombres portées par les rayons ordinaires. La limite de l'ombre est toujours très tranchée et la raison en est encore dans la petitesse extrême du rayon hélicoïdal, qui comporte pour l'étendue de l'onde une réduction proportionnelle.

Tous les corps deviennent, à des degrés divers, transparents pour les rayons X, mais, ainsi que l'a signalé le professeur Röntgen, dès ses premières communications, la densité est la propriété dont la variation affecte plus spécialement leur perméabilité. D'après ce qu'on a dit précédemment du trajet, à travers les corps pondérables, des rayons à très courtes périodes et, en particulier, des rayons X, il est évident que ces rayons trouvent un chemin d'autant plus facile et plus en dehors de l'influence de l'action gravifique des atomes élémentaires que les molécules sont moins nombreuses, les distances moléculaires plus grandes et que, en définitive, le corps a une densité moindre. L'influence exercée, sur la marche de l'onde, par le rapprochement des molécules doit être d'ailleurs d'autant plus marquée que l'action grayifique va, comme on le sait, en augmentant rapidement dans le voisinage immédiat des molécules, centres de dépression sur le milieu ambiant.

VI. — CONCLUSION GÉNÉRALE PRÉSENTÉE PAR M. MARX SUR SON MÉMOIRE RELATIF A L'ÉLECTRICITÉ.

L'électricité est un mode d'action du fluide éthérique en tension, donnant lieu à la série des phénomènes classés dans le double domaine de l'Électrostatique et de l'Électrodynamique.

La quantité d'électricité a pour mesure la quantité de travail que représente son état de tension. L'équivalent mécanique de l'électricité se déduira expérimentalement des données de l'analyse, comme on l'a fait pour la chaleur.

L'éther se comporte comme un gaz parfait dans toutes les autres manifestations électriques; ses éléments essentiels seront déterminés au moyen des formules analytiques, dans lesquelles ils entrent comme constantes.

Toute manifestation électrique constitue, comme on l'a vu précédemment, un phénomène dynamique, donnant lieu à des transformations ou échanges d'énergie, soumises aux lois générales de la Mécanique.

Maintenue dans un milieu à l'état potentiel, ou, suivant les termes en usage, à l'état électrostatique, l'énergie électrique comporte une série constante de transformations des mouvements de translation moléculaires, qui répondent à l'état de tension, en mouvements ou énergies de masse, donnant lieu à des vibrations ou ondulations et réciproquement. En chacun des points où, sous l'une ou sous l'autre de ces formes, l'énergie potentielle tend à manifester son action au dehors, elle se trouve arrêtée et contrebalancée par une énergie antagoniste de même nature et de même intensité. C'est ainsi qu'un corps électrisé, noyé dans le milieu général de l'éther, fait naître à sa surface des tensions et vibrations alternatives, que viennent contrebalancer, dans chacune de leurs phases, des tensions égales et des ondulations isochrones et de même intensité que développe son champ électrique, doué d'une énergie potentielle de même valeur. Les vibrations et ondulations ont même intensité dans chacune de leurs phases de dilatation et de contraction; les deux milieux peuvent, sous certains rapports, être assimilés à deux pendules en parfaite harmonie de marche et leurs vibrations ou ondulations sont dites *pendulaires*.

Les échanges d'énergie entre un milieu pondérable et son champ électrique s'opèrent au moyen de vibrations dynamiques ou à phases dont l'intensité est différente pour la dilatation et pour la contraction. L'énergie cédée est égale à la différence d'énergie entre les deux phases de la vibration ou de l'ondulation. La phase de dilatation est nécessairement toujours la plus élevée pour le milieu qui, à raison de la supériorité de son état potentiel, doit céder à l'autre une partie de son énergie propre.

Les actions à distance, entre les milieux divers d'un même système électrostatique ou électrodynamique, s'opèrent par l'intermédiaire de l'éther, agissant par contact direct, conformément aux principes qui viennent d'être rappelés.

Les forces centrales, que l'on a pu attribuer à des propriétés spéciales ou à des actions directes des corps ou milieux pondérables, ne sont, en réalité, que des résultantes d'actions exercées sur ces corps par le milieu ambiant, en vertu des relations générales du système électrostatique ou électrodynamique dont ils font partie.

Toutes les manifestations électriques consistent ainsi uniquement en transformations et échanges d'énergie entre les différents milieux. Dans l'ensemble des propositions précédentes on n'a eu à faire intervenir nulle part l'idée de force. Cependant, dans les phénomènes soumis à l'analyse, on semble parfois introduire, dans les données du problème, l'action de forces spéciales, qui ne se retrouvent plus, comme telles, dans les constatations expérimentales, se traduisant par des comparaisons entre les énergies ou quantités de travail de natures différentes, mises en jeu, et celles recueillies à la suite de la réalisation du phénomène. Un corps électrisé, que l'on fait entrer dans l'ensemble d'un système dynamique, peut sans doute, à un certain point de vue, être considéré comme une force nouvelle, par cela même qu'il est capable de modifier par lui-même l'état de repos ou de mouvement d'autres éléments dans l'ensemble du système. Mais, en réalité, on n'a fait qu'introduire dans le système une énergie potentielle nouvelle, qui, après une série de transformations ou d'échanges, doit venir se confondre avec toutes les autres énergies primitivement en jeu.

En résumé, tous les phénomènes électriques sont des phénomènes essentiellement dynamiques; il en sera de même pour la Lumière et pour la Chaleur, assimilées à l'Électricité, dans leur principe comme dans tous les caractères généraux de leurs manifestations. On sait d'ailleurs que toutes ces énergies sont de même ordre et de même nature; les énergies électriques, par exemple, peuvent se transformer, en effet, en énergies mécaniques, lumineuses ou calorifiques, et inversement.

Tous ces phénomènes, dans les transformations et échanges d'énergie dont ils sont l'objet, sont soumis aux mêmes lois, les lois de la Dynamique, avec application, pour les énergies de natures différentes du principe de l'équivalence. Ils rentrent tous dans un seul et même corps de doctrine, et peuvent ainsi ne constituer qu'une seule et même science, à laquelle on pourrait donner, avec Rankine, le nom d'*Énergétique*.

Cette conclusion pourra prendre un caractère de généralité absolue pour tous les phénomènes du monde inorganique, quand on aura également établi les principes des actions moléculaires dans la constitution des corps pondérables.

L'ensemble des phénomènes que la nature offre directement à nos observations ne comportent, par eux-mêmes, que des transformations d'énergie, dont l'étude rentre dans le domaine de la Mécanique. Mais si, par l'analyse, on remonte au principe de toutes ces énergies, à leur origine commune dans le Monde, l'idée de cause première ou de force s'introduit alors et s'impose même comme nécessaire, dans les termes les plus nets et les plus précis.

L'étude du principe de la Gravitation universelle a permis de constater que l'électricité du milieu général de l'éther est la source première de toutes les énergies mécaniques, lumineuses et calorifiques, qui se sont développées dans la constitution des mondes, par le fait de la condensation des matériaux disséminés dans l'espace ou réunis en amas nébuleux. L'éther est donc le principe de la gravité; il tend à rapprocher tous les corps noyés dans son milieu; c'est lui qui leur imprime le mouvement, et c'est à son énergie propre que sont empruntées les énergies répondant aux vitesses des masses pondérables. Mais l'énergie même de l'éther est la conséquence directe de l'état de mouvement dans lequel sont constitués ses atomes élémentaires. Si donc on veut remonter au delà de la donnée suprême de la théorie et de l'expérience, qui nous montre toute énergie dans le monde prenant naissance dans l'énergie propre de l'éther, on se trouve en présence de la question de l'origine de la force ou, plus généralement, de la cause à laquelle se rattache l'état de mouvement des atomes premiers de l'éther, doués de masse, avec les propriétés de l'inertie, comme les molécules des milieux pondérables. C'est là une question dans laquelle nous n'avons pas à entrer, mais qu'il nous fallait tout au moins poser, pour préciser le point où l'idée de cause ou de force entre nécessairement dans l'étude des phénomènes de la nature, et pour indiquer, en même temps, l'étendue du champ réservé exclusivement aux investigations scientifiques.

LIVRE III.

LA CONSTITUTION MOLÉCULAIRE.

AVANT-PROPOS.

Les études présentées jusqu'ici ont permis de reconnaître que toutes les forces et énergies mises en jeu dans les phénomènes concernant la Gravitation, l'Électricité, la Lumière et la Chaleur ont leur principe ou source commune dans l'énergie potentielle de l'éther. Ces énergies ne diffèrent, dans leur mode d'action, que par la nature, la longueur ou la durée de leurs vibrations ou radiations; elles peuvent, dans les phases diverses d'un même phénomène, se transformer les unes dans les autres, en gardant chacune, dans les modalités diverses qu'elle revêt, la même équivalence mécanique.

Ces forces ou énergies sont soumises aux lois générales de la Dynamique, de telle sorte que l'étude des phénomènes, les données une fois posées, se trouve réduite à une question de pure analyse ou d'énergétique.

Les actions moléculaires ont même origine que les forces précédemment analysées, ou plutôt, elles ne sont que le résultat de l'action combinée de ces mêmes forces entrant simultanément et concurremment en jeu dans les phénomènes de la constitution des corps, avec les caractères propres à chacune d'elles.

I. — MOLÉCULES ÉLÉMENTAIRES. MOLÉCULES GRAVIFIQUES.

Actions moléculaires. — Les actions moléculaires répondent à un double système de forces, les unes attractives, les autres répulsives, qui, dans l'état d'équilibre des corps, maintiennent les molécules d'ordres divers à leurs distances respectives.

D'une intensité généralement considérable, dans le voisinage de leurs centres d'action, ces forces diminuent avec la distance, dans des proportions telles qu'elles deviennent à peine sensibles, dès que l'écartement des molécules atteint des valeurs appréciables à nos moyens de mesure ordinaires.

C'est du concours simultané de la Gravitation et des autres forces précédemment analysées, l'Électricité, la Lumière et la Chaleur, que procèdent les actions moléculaires, qui, comme ces forces elles-mêmes, ont dès lors leur principe ou origine commune dans l'énergie potentielle du milieu général de l'éther.

Toutes ces forces, qui concourent simultanément à la réalisation des phénomènes de la constitution moléculaire, entrent en jeu avec les caractères spéciaux propres à chacune d'elles.

La Gravitation, qui procède directement de la réciprocité d'action de la molécule élémentaire et de l'éther, garde son caractère d'indépendance et d'uniformité absolue dans le développement de son intensité, comme dans son mode de propagation. Entre deux molécules en présence, l'intensité, proportionnelle au produit des masses ou des puissances dépressives, varie en raison inverse du carré des distances et peut croître ainsi au delà de toute limite, les molécules élémentaires étant infiniment petites.

Toutes les autres forces, dans les phases diverses d'un même phénomène, peuvent non seulement varier d'intensité dans leurs éléments premiers, par le fait d'actions extérieures, mais se transformer les unes dans les autres, sous la seule condition, pour chacune d'elles, de garder, dans ses modalités successives, la même équivalence mécanique. La loi d'attraction et de répulsion des corps en tension dans le milieu général de l'éther, déterminée pour des masses électriques relativement infiniment petites, par rapport aux distances des centres d'action, est donnée par la loi de Coulomb. Nous avons, au Chapitre de l'Électricité, déduit cette même loi de considérations purement analytiques, basées sur les données de la théorie nouvelle, à la suite de la détermination de la loi des tensions du milieu général de l'éther autour de sphères électrisées, centres de pression ou de dépression. Mais cette loi, dans les conditions éminemment restrictives où elle a ainsi été établie, ne peut recevoir d'application dans l'étude des actions moléculaires; l'intensité des forces d'attraction et de répulsion des molécules en présence atteignant, en effet, des intensités considérables, en même temps que les distances des centres d'action descendent elles-mêmes à des limites extrêmement faibles. Nous avons donc dû, en prévision des études à entreprendre sur la constitution moléculaire, chercher à établir, dans son acception la plus large, la valeur analytique de l'action exercée, l'une sur l'autre, par deux sphères électrisées, centres de pression ou de dépression, noyées dans le milieu général de l'éther. Les lois générales qui règlent les actions réciproques des molécules d'ordres divers ainsi déterminées, nous avons pu entreprendre méthodiquement l'étude de la constitution moléculaire et donner, d'une manière complète, les conditions générales d'équilibre statique et dynamique des gaz et des liquides, avec l'ensemble des principes généraux que suivent les phénomènes relatifs à leur changement d'état.

L'étude spéciale des actions moléculaires, dans laquelle nous allons entrer, doit donc constituer une affirmation nouvelle des conclusions analytiques antérieures, relativement au principe universel ou origine commune des énergies dans le monde. Nous croyons, à cet égard, devoir rappeler que, depuis Newton, les cosmogonies les mieux établies ont dû admettre, tout au moins implicitement, que les molécules élémentaires, répandues dans les espaces célestes, ont pu, non seulement se grouper par masses, sous l'action de la gravité, mais que tous les globes se sont constitués chimiquement et physiquement, dans leurs éléments essentiels, tels qu'ils se révèlent à nos observations, sans l'intervention d'aucune autre force ou énergie active que celles puisées dans le milieu général de l'éther, par les molécules dans leur mouvement de concentration.

Molécules élémentaires. — L'étude de la *Gravitation* nous a mis en présence de la *molécule élémentaire, qui, en vertu d'une de ses propriétés essentielles, constitue, dans le milieu général de l'éther, un centre de dépression.* Son coefficient d'action dépressive, ou sa caractéristique, qu'on représente par g, est donné par l'intensité de la dépression de l'éther ambiant à l'unité de distance.

La molécule élémentaire est, de sa nature, infiniment petite, et, comme on l'a établi au Chapitre de la Gravitation, son action dépressive est absolument indépendante de l'action des autres molécules noyées dans le même milieu, quel que puisse être d'ailleurs leur mode de groupement.

L'action dépressive de la molécule élémentaire, posée comme une de ses propriétés essentielles, peut être considérée, ainsi que nous l'avons fait observer déjà au Chapitre de la Gravitation, comme une conséquence de l'inertie même de la matière, dont la molécule élémentaire constitue l'élément premier. L'énergie potentielle de la molécule serait ainsi le résultat du choc répété des molécules constituantes de l'éther sur la molécule élémentaire ou ses éléments constitutifs, doués des propriétés de l'inertie.

Dans ces conditions, c'est encore le milieu général de l'éther, qui fournit à la molécule élémentaire, purement inerte de sa nature, l'énergie active que comporte l'exercice de son action dépressive.

Il résulte des données de la théorie analytique de la Gravitation, que si l'on représente par g et g' les actions dépressives de deux molécules élémentaires en présence, et par d la distance de leurs centres d'action, la force gravifique, qui tend à les rapprocher l'une de l'autre, est donnée par l'expression

$$F = Kgg'\frac{1}{d^2},$$

dans laquelle K *est la constante gravifique,* répondant à la force d'attraction de deux molécules élémentaires, dont les caractéristiques g et g' seraient égales à l'unité et qui se trouveraient à l'unité de distance l'une de l'autre.

L'application, dans l'étude analytique de la Gravitation, du principe général de l'égalité de l'action et de la réaction entre les deux molécules en présence a permis de reconnaître *que le rapport entre la valeur de la caractéristique de dépression de chaque molécule et le volume de sa sphère représentative a une valeur constante; et cette valeur n'est autre que le coefficient* K, *constante analytique de l'action gravifique.* Toutes les molécules élémentaires peuvent, dès lors, être considérées comme des multiples d'une première molécule, atome simple ou atome premier de la matière.

Tous les éléments premiers de la matière seraient donc, suivant ces données, identiques dans le monde; ou, en d'autres termes, la matière serait une dans son principe ou premier élément constitutif.

D'un autre côté, l'intensité de l'action gravifique, entre des molécules élémentaires infiniment petites, n'ayant, aux termes de la loi de la Gravitation, d'autre limite que l'infini, alors que les molécules arrivent au contact, les molécules élémentaires complexes, résultant de la juxtaposition de molécules simples, doivent être considérées comme douées d'une cohésion infinie et comme jouissant d'une stabilité absolue.

Molécules simples ou gravifiques. Éléments chimiques. — Si un certain nombre de molécules élémentaires, animées des mouvements de translation que leur a imprimés l'action gravifique, viennent à passer assez près les unes des autres pour se trouver successivement retenues dans le rayon d'action du centre de gravité résultant de leur groupement progressif, ces molécules se mettront à décrire des ellipses concentriques et constitueront un amas moléculaire parfaitement stable, assimilable à l'un de ces groupes d'étoiles multiples en rotation, qui peuplent l'Univers.

C'est ainsi que, par la seule action de la Gravité, se trouve constitué un premier ordre de molécules complexes, qui, à raison même de leur mode de formation, ont pu jusqu'alors résister à toutes les actions mécaniques, électriques et chimiques mises en œuvre, pour en opérer la décomposition ou la dissociation et qui, pour cette raison, ont été considérées comme *molécules simples.*

Chacune des molécules élémentaires, qui entre dans le groupement d'une molécule simple ou élément chimique, est entourée de son atmosphère d'éther condensé, dont la densité comme la dépression, très considérable dans le voisinage immédiat de la molécule, va en diminuant très rapidement avec la distance.

Par le fait du groupement des molécules, leurs atmosphères éthériques se pénètrent mutuellement, et l'on conçoit que des réactions produites par le fait de cette pénétration résulte pour l'atmosphère éthérique du groupe, ou élément chimique, un certain état de tension devenant l'origine d'une charge électrique spéciale à l'élément considéré. Cette charge est, en effet, l'un des caractères distinctifs de cet élément, elle lui assigne un rang déterminé dans la nomenclature générale des molécules dites *simples* ou *éléments chimiques,* dans laquelle chaque molécule figure comme électro-positive, par rapport à celles qui la suivent, et comme électro-négative, par rapport à celles qui la précèdent.

Chacune des molécules simples ou éléments chimiques, dans les conditions qu'elle tient de sa constitution propre, doit, d'une manière absolue, être considérée comme électrisée négativement par rapport à l'éther général, puisque l'atmosphère qui la pénètre est constituée avec des éléments qui sont eux-mêmes en dépression par rapport à ce milieu ambiant (¹).

Les molécules complexes dont nous venons de nous occuper, formées de molécules élémentaires en rotation autour de leur centre commun de gravité, ayant résisté à tous les moyens employés directement pour en opérer la dissociation, ont jusqu'alors été classées comme *molécules simples*. Elles ne sauraient garder ce titre dans la théorie nouvelle. La dissociation ou la décomposition en ions ou en éléments d'un ordre inférieur des molécules gazeuses, par le passage d'ondes à très courtes périodes, en dehors des considérations qui précèdent, viendrait établir déjà expérimentalement, que l'on doit avoir affaire à des molécules complexes dans leur composition. A la suite du Chapitre que nous avons consacré à l'Électricité, nous sommes entré dans quelques développements, relativement aux phénomènes nouveaux, que venait de révéler au monde de la Science le rapport du professeur Röntgen. Nous avons reconnu que la décomposition en ions d'un gaz par des ondes à courtes périodes devait être le résultat de l'action tourbillonnaire ou centrifuge des ondes hélicoïdales, s'introduisant, en raison de leur très faible rayon, à travers les molécules constituantes des gaz. Dans ces conditions, les ions, débris de la molécule gazeuse, ne seraient autres que les molécules élémentaires, dont elle est formée, isolées ou séparées en groupes ou éléments moins complexes. Les résultats des études faites sur ces corpuscules, notamment sur leur charge électrique et leur masse relative, établissent, en effet, la plus grande analogie entre leurs propriétés et celles des molécules élémentaires. En résumé, les molécules dites *molécules simples ou éléments chimiques, étant formées de molécules élémentaires, maintenues en équilibre dynamique autour de leur centre commun de gravité, en vertu de la seule action gravifique, nous proposerons, tout en leur conservant le titre d'éléments chi-*

(¹) Ces conséquences sont déduites d'une manière plus rigoureuse, par M. Marx, d'une hypothèse spéciale qu'il a faite relativement à l'origine de l'attraction universelle. Dans cette hypothèse, il considère la molécule matérielle comme assimilable à une sphère électrisée négativement dont elle occuperait le centre.

miques, de leur donner le nom de molécules gravifiques, corrélatif de l'appellation de molécules chimiques, admise pour les molécules d'un ordre supérieur, constituées en vertu d'actions ou de réactions chimiques d'un ordre plus ou moins élevé.

Radiations moléculaires. — La molécule gravifique ou élément chimique, en dehors de l'état d'électrisation spéciale qu'elle tient de sa constitution, peut, dans les mêmes conditions qu'une sphère ou tout autre corps matériel, être électrisée positivement ou négativement et émettre ainsi des radiations d'intensité et de périodes diverses, à travers le milieu général ambiant. Ces radiations pourront donner lieu à des échanges d'énergie avec d'autres molécules, noyées dans le même milieu et constituant avec la molécule première un système dynamique dans un état d'équilibre permanent ou assujetti à des échanges ou transformations d'énergies successives.

L'Électricité, la Lumière et la Chaleur sont des énergies de même nature, ne différant, comme nous avons eu occasion de le faire observer, que par la durée des périodes des mouvements vibratoires ou ondulatoires. Or, John Tyndall, dans son remarquable Traité de *La Chaleur, mode de mouvement*, a établi « que la puissance d'absorption des corps pour la chaleur est principalement moléculaire; que les molécules conservent leur pouvoir d'absorption et de radiation, lorsqu'elles changent leur mode d'agrégation; que l'ordre du pouvoir d'absorption des liquides et des vapeurs est le même et que l'on peut en conclure que la position d'une vapeur sur la liste de classement tant pour le pouvoir absorbant que pour le pouvoir rayonnant, est déterminée par le liquide qui l'a produite (1) ».

Les radiations du spectre d'une substance à l'état lumineux doivent donc être considérées comme résultant principalement des vibrations émanées de ses molécules et comme caractéristiques de leur constitution intime. Ces vibrations, comme les ondulations qu'elles mettent en jeu pour le transport de leurs radiations, dépendent ainsi directement de la forme des molécules et des variations d'élasticité de la surface, en rapport avec les intensités diverses des molécules élémentaires entrant dans leur constitution. Les molécules

(1) JOHN TYNDALL, *La Chaleur, mode de mouvement*, édition de 1887, p. 383 et 385.

en vibration donneront nécessairement, en dehors d'une radiation principale, que l'on pourrait assimiler au son fondamental d'une cloche ou d'une corde vibrante, de nombreuses radiations harmoniques d'ordres divers au point de vue de l'intensité, comme de l'étendue des périodes de vibration.

Le spectre lumineux devra comprendre, en outre, les radiations émises directement par les molécules élémentaires, dont les périodes de vibration sont en rapport avec leur force dépressive. L'étude du spectre lumineux moléculaire pourra ainsi ouvrir la voie à l'analyse des corps pondérables dans leurs éléments les plus intimes.

II. — ÉTAT GAZEUX.

Milieu gazeux en équilibre. — Les molécules d'un gaz en équilibre restent à égale distance les unes des autres, sous l'action des forces internes qui les sollicitent et des pressions agissant à la surface du milieu.

Si le gaz est suffisamment éloigné de son point de condensation, les molécules semblent ne plus exercer d'action les unes sur les autres; la relation entre le volume, la pression et la température du milieu, sous l'influence des pressions extérieures et de l'action de la chaleur, est réglée par la seule condition mécanique d'une exacte compensation entre l'énergie de translation thermique des molécules et le travail développé par la résistance élastique de l'enveloppe.

C'est à la réalisation rigoureuse de cette dernière condition qu'est attaché le caractère d'un gaz classé comme *gaz parfait*. Un gaz se rapproche d'autant plus de cet idéal qu'il est plus dilaté. On conçoit qu'il en sera ainsi si, comme nous l'établirons, les molécules sont soumises aux seules forces internes de l'attraction gravifique et de la répulsion résultant de leur charge électrique. Si l'on considère, en effet, un gaz homogène composé de molécules gravifiques ou éléments chimiques dont la caractéristique est représentée par G et la charge électrique par $\frac{P}{4\pi A}$, deux molécules situées à une distance d seront, d'une part, attirées l'une vers l'autre, en vertu de la gravitation, par une force ayant pour expression analytique

$$KG^2 \frac{1}{d^2},$$

et repoussées, d'autre part, du fait de l'action électrique, avec une intensité représentée par la formule

$$-q\left(\frac{P}{4\pi A}\right)^2 \frac{1}{d^2}\left(1-\frac{3}{2}\frac{\rho}{d}\right).$$

Si la dilatation du gaz, ou par le fait l'écartement des molécules est tel que le second terme $\left(\frac{3}{2}\frac{\rho}{d}\right)$ du facteur entre parenthèses devienne négligeable en présence du premier terme, qui est l'unité, la force de répulsion électrique variera, comme l'attraction gravifique, en raison inverse du carré de la distance. L'état d'équilibre statique des molécules une fois établi dans ces conditions ne pourra être troublé par les variations que les molécules pourront subir dans leur écartement, par une compression ou une dilatation du milieu. Dès lors, le gaz se comportera comme s'il était soumis aux seules lois de son équilibre dynamique, sous la double action des énergies thermiques ou de translation de ses molécules constituantes, et des résistances élastiques opposées par l'enveloppe à l'action du choc des molécules.

Dans l'étude de la constitution d'un milieu gazeux nous considérerons, tout d'abord, les conditions relatives exclusivement à l'état d'équilibre statique de ses molécules, sous l'action des forces internes qui les sollicitent directement, puis les relations suivant lesquelles viennent se combiner les actions exercées, d'une part, par les énergies thermiques ou de translation des molécules, et, d'autre part, les énergies développées dans le milieu par le choc des molécules contre la paroi intérieure de l'enveloppe en vibration.

Nous résumerons ensuite, dans leur ensemble, les conditions d'équilibre statique et d'équilibre dynamique du milieu gazeux renfermé dans l'enveloppe.

Équilibre statique des molécules gazeuses. — Les molécules d'un gaz, à raison de leur écartement considérable, comparé à leurs propres dimensions, peuvent être assimilées à des sphères dont le centre d'action se confond avec le centre de figure.

Dans un gaz homogène, deux molécules gravifiques situées à une distance d exercent l'une sur l'autre, d'une part, une force d'attraction gravifique dont la valeur est donnée par l'expression

$$K\frac{GG}{d^2} = KG^2\frac{1}{d^2}$$

et, d'autre part, une action de répulsion électrique égale à

$$-q\left(\frac{P}{4\pi A}\right)^2\frac{1}{d^2}\left(1-\frac{3}{2}\frac{\rho}{d}\right).$$

La condition d'équilibre statique de ces forces, qui agissent en sens contraires dans la direction de la ligne des centres, est donnée par l'égalité

$$KG^2\frac{1}{d^2} = q\left(\frac{P}{4\pi A}\right)^2\frac{1}{d^2}\left(1-\frac{3}{2}\frac{\rho}{d}\right).$$

Si l'on supprime, dans les deux membres, le facteur commun $\frac{1}{d^2}$, cette relation de condition devient

$$KG^2 = q\left(\frac{P}{4\pi A}\right)^2\left(1-\frac{3}{2}\frac{\rho}{d}\right).$$

Le premier membre de l'égalité est indépendant de l'écartement des molécules; il représente la valeur de l'attraction gravifique des molécules, à l'unité de distance. Au second membre, le facteur entre parenthèses reste fonction de la distance moléculaire, sa valeur croissant ou diminuant dans le même sens que la variation de distance. Dès lors si, par le fait d'une compression ou d'une dilatation du milieu, l'écartement des molécules vient à changer, l'équilibre ne pourra subsister qu'autant que le terme $\left(\frac{P}{4\pi A}\right)^2$, qui représente le produit des charges électriques des molécules en présence, variera lui-même en raison inverse de la valeur du facteur entre parenthèses et, par suite, dans un sens contraire à la variation subie par la distance moléculaire.

Si l'on suppose que la dilatation d'un milieu gazeux aille en croissant indéfiniment, la valeur numérique de la charge de ses molécules descendra progressivement, pour atteindre son minimum, lorsque le facteur entre parenthèses $\left(1-\frac{3}{2}\frac{\rho}{d}\right)$ de l'équation de condition d'équilibre statique pourra être considéré lui-même comme parvenu à sa plus grande valeur. Or, si l'on suppose la dilatation du gaz poussée suffisamment loin, le second terme $\frac{3}{2}\frac{\rho}{d}$ deviendra négligeable en présence de l'unité et le facteur entre parenthèses, ramené lui-même à l'unité, aura pris sa valeur maxima.

La relation de condition d'équilibre statique du milieu gazeux se trouve ramenée aux termes suivants :

$$KG^2 = q\left(\frac{P}{4\pi A}\right)^2.$$

Dans l'état de dilatation où le gaz est parvenu, les molécules peuvent être considérées comme isolées dans le milieu général. La charge électrique résultant alors uniquement, pour chacune d'elles, de l'action dépressive de ses molécules élémentaires constituantes, sera ramenée à la charge spéciale afférente à sa constitution.

Pour un gaz dont la valeur de l'action gravifique est représentée par G_1 et la charge électrique spéciale à sa constitution propre $\left(\frac{P_1}{4\pi A}\right)$, on a donc l'égalité suivante :

$$G_1 = \frac{P_1}{4\pi A}.$$

Comme on doit avoir, d'un autre côté, pour le gaz parvenu à un état de dilatation suffisamment développée, la relation de condition

$$KG_1^2 = q\left(\frac{P_1}{4\pi A}\right)^2.$$

Il en résulte que l'on doit avoir en même temps l'égalité

$$K = q.$$

La constante gravifique K, *définie dans l'expression analytique de la loi de la gravitation, est, en même temps, égale à la valeur de l'équivalent mécanique de l'unité de charge électrique,* dont la valeur numérique peut être déterminée, comme on l'a indiqué précédemment au chapitre de l'Électricité.

La relation de condition d'équilibre statique des molécules des gaz peut ainsi être ramenée aux termes suivants :

$$G^2 = \left(\frac{P}{4\pi A}\right)^2\left(1 - \frac{3}{2}\frac{\rho}{d}\right),$$

qui, pour le cas d'un gaz dont les éléments porteraient l'indice 1, devient

$$G_1^2 = \left(\frac{P_1}{4\pi A}\right)^2 = \left(\frac{P}{4\pi A}\right)^2 \left(1 - \frac{3}{2}\frac{\rho_1}{d}\right) \text{ (1)}.$$

Cette relation nous donne la valeur analytique de la charge $\frac{P}{4\pi A}$ de la molécule, pour un état quelconque du gaz en fonction de la distance moléculaire, savoir :

$$\frac{P}{4\pi A} = G_1\sqrt{\frac{2d}{2d - 3\rho_1}},$$

ou bien encore

$$\frac{P}{4\pi A} = \left(\frac{P_1}{4\pi A}\right)\sqrt{\frac{2d}{2d - 3\rho_1}}.$$

Nous reporterons à la suite de l'étude analytique complète des conditions d'équilibre statique et dynamique du gaz la discussion de cette formule, pour toute la valeur de d résultant d'une dilatation ou compression du milieu.

Nous avons vu plus haut que le minimum de valeur numérique à laquelle peut descendre la charge électrique de la molécule, le gaz étant supposé parvenu à son état d'extrême dilatation, est égal à la charge spéciale $\frac{P_1}{4\pi A}$, que la molécule tient de sa constitution propre.

Le maximum de valeur numérique de la charge électrique de la molécule répond, de même, à l'état d'équilibre statique du milieu, ians l'hypothèse du minimum auquel puisse, par la compression du gaz, être réduit l'écartement des molécules, c'est-à-dire au cas des molécules amenées au contact. La distance moléculaire d est alors égale au double de la valeur ρ du rayon moléculaire. Cette valeur, portée dans la relation analytique précédente, donne, pour la charge électrique correspondante :

$$\frac{P}{4\pi A} = \frac{P_1}{4\pi A}\sqrt{\frac{4\rho}{4\rho - 3\rho}} = 2\,\frac{P_1}{4\pi A}$$

ou le double de la charge $\frac{P_1}{4\pi A}$, sa valeur minima, qui suppose la dilatation portée à l'infini.

---

(1) $\frac{P_1}{4\pi A}$ représente la charge électrique de constitution; $\frac{P}{4\pi A}$ la charge électrique correspondant à une distance d des molécules.

En définitive, la charge électrique de la molécule d'un gaz, dans son état d'équilibre statique, sous la double action de la gravitation et de la répulsion électrique, reste comprise entre deux limites bien définies, à savoir : 1° la valeur $\frac{P_1}{4\pi A}$ de la charge spéciale qu'elle tient de sa constitution propre et qui répond à un écartement des molécules porté à l'infini; 2° le double de cette même valeur, soit $2\frac{P_1}{4\pi A}$, que donne l'équation de condition pour une valeur de $d = 2\rho$, qui suppose les molécules amenées au contact.

Équilibre dynamique des molécules. — Les molécules gazeuses sont animées d'une énergie thermique ou de translation, qui les met en collision incessante avec la paroi interne de l'enveloppe dans laquelle le gaz est contenu. La puissance élastique de l'enveloppe, mise en jeu par le choc des molécules, se manifeste par une compression du milieu gazeux, dont la valeur analytique par mètre carré de surface est égale au tiers de l'énergie active ou thermique des molécules sous l'unité de volume. Cette pression p de l'enveloppe, d'où résulte la tension du milieu gazeux, a donc pour expression analytique

$$p = \frac{1}{3} nmu^2,$$

dans laquelle n est le nombre des molécules sous l'unité de volume, m la masse de la molécule, et u sa vitesse.

Si l'on représente par E l'équivalent mécanique de la chaleur, par T la température absolue du gaz, par c sa chaleur spécifique sous volume constant et par a le poids atomique de la molécule, la valeur de p pourra s'écrire également sous la forme

$$p = \frac{1}{3} \mathrm{E} nca \mathrm{T}.$$

Les molécules matérielles, en vertu de leur charge électrique, constituent, dans le fluide éthérique de l'atmosphère intérieure du gaz, autant de centres de dépression, qui assignent à chacune d'elles une position relative déterminée dans l'état d'équilibre général du milieu. Les molécules ne peuvent donc se mouvoir librement ou d'une manière indépendante les unes des autres; elles sont dans un état de dépendance réciproque en rapport avec la tension et l'état d'équilibre du milieu éthérique, dans lequel elles sont noyées et avec lequel elles se trouvent dans un état de réciprocité d'action permanente. Le mouvement de translation, dont elles sont animées, se traduit dès lors par un mouvement d'ensemble du milieu, que nous devons analyser.

A raison du nombre considérable des molécules dont le gaz est composé, on peut admettre que les mouvements de translation se répartissent uniformément dans toules les directions. Nous supposerons l'enveloppe de forme cubique et nous admettrons, pour un moment, que les molécules se partagent par groupes d'égale importance, dans les trois directions principales ou orthogonales de l'enveloppe. Les molécules lancées dans une même direction et maintenues dans la même situation relative, entraînent avec elles le milieu éthérique ambiant dans leur mouvement d'avancement vers la paroi, comme dans celui de recul qui suit le choc. Sous cette double action de l'énergie thermique, dont elles sont animées, et de la résistance élastique de l'enveloppe, chaque groupe de molécules effectue, avec le milieu éthérique qui les relie les unes aux autres, un mouvement d'oscillation général qui, dans l'état d'équilibre des milieux, est en parfaite harmonie de marche et d'intensité, dans chacune des phases correspondantes, avec la vibration pendulaire de l'enveloppe.

Pour résister au choc et rétablir, en sens inverse, les quantités de mouvement des molécules venant l'atteindre, soit directement, soit indirectement, en vertu des liaisons intimes qui rendent solidaires toutes les parties du milieu gazeux, l'enveloppe doit développer les mêmes énergies que si les molécules étaient parfaitement libres et indépendantes, dans la mise en œuvre de leur énergie de translation. Dans l'état d'équilibre des milieux, l'énergie développée de part et d'autre de la surface de contact est donc égale à l'énergie de translation de l'ensemble des molécules en mouvement, dont la valeur analytique pour le volume V du gaz est donnée par l'une ou l'autre des expressions analytiques $VnEcaT$ ou $Vnmu^2$, dans lesquelles n représente le nombre des molécules sous l'unité de volume.

L'état d'équilibre du milieu gazeux, dans les conditions que nous venons de définir, devient assimilable à celui d'un corps en tension, ou plus particulièrement d'un corps électrisé dont les vibrations pendulaires sont en parfaite harmonie de marche et d'intensité avec les ondulations du milieu élastique ou de l'éther général, dans lequel il est plongé. L'enveloppe élastique, en vibration pendulaire, remplit, par rapport au milieu gazeux, le même rôle que l'éther général, répondant par ses ondulations aux vibrations de la sphère ou corps central électrisé.

Mais, pour qu'un semblable état d'équilibre pendulaire se maintienne, il est nécessaire, dans un cas comme dans l'autre, que le milieu élastique ambiant, au cas particulier qui nous occupe, la paroi interne de l'enveloppe, possède la même énergie potentielle que le corps central, de telle sorte que les quantités de travail développées, à chaque instant, de part et d'autre de la surface de contact, aient la même valeur mécanique. Le milieu gazeux met en jeu, dans son mouvement d'oscillation général, l'énergie thermique ou de translation dont il est animé; mais, pour l'enveloppe, nous avons à rechercher la source et le mode de transmission de l'énergie de même valeur, qui répond à son mouvement de vibration.

Si l'on se reporte à l'étude analytique qui a permis de déterminer la valeur de la pression moyenne exercée par l'enveloppe sur le milieu gazeux, on reconnaît que, au moment du choc, l'énergie de translation du milieu gazeux passe tout entière à la paroi élastique de l'enveloppe, de telle sorte que la question posée ci-dessus, relativement à l'enveloppe, se reporte sur l'état dynamique des molécules, et que, dès lors, il y a lieu de rechercher les conditions qui permettent aux molécules gazeuses de retrouver les énergies qu'elles ont cédées à la paroi.

Dans l'état d'équilibre des milieux, l'action exercée à chaque vibration, sur la paroi interne de l'enveloppe, rapportée à chacune des molécules, se traduit par une transmission d'énergie à la paroi de l'enveloppe d'une valeur égale à l'énergie thermique ou de translation de la molécule. La réaction de l'enveloppe sur la molécule doit, à son tour, pouvoir se traduire par la transmission d'une énergie active ou latente de même valeur mécanique.

C'est par une pression, dont on a donné plus haut la valeur analytique, que s'exerce cette réaction de la paroi sur le milieu gazeux, dont les molécules, poussées les unes contre les autres, tendent à se rapprocher comme si l'action gravifique, qui naît des actions dépressives de ses molécules élémentaires, se trouvait accrue en proportion de la valeur de cette pression.

L'atmosphère éthérique de la molécule est constituée par l'ensemble des atmosphères de ses molécules élémentaires. La pression exercée par l'enveloppe sur l'atmosphère éthérique de la molécule porte sur les molécules elles-mêmes, points fixes de résistance, et développe sur chacune d'elles une action proportionnelle à la résistance qu'elle oppose ou, en d'autres termes, à sa valeur dépressive, et s'exerce, comme la gravité, dans le sens du rapprochement des molécules. La résultante de toutes ces actions, qui doit répondre à la valeur énergétique de la réaction de l'enveloppe, devra donc imprimer à chaque molécule une impulsion ou mouvement de translation d'une énergie égale à l'énergie thermique, que possédait primitivement la molécule. C'est ainsi que se trouvera réglé, d'une manière normale, le mouvement d'oscillation du milieu gazeux, en rapport avec le mouvement de vibration pendulaire de la paroi de l'enveloppe.

Mais, ainsi que cela résulte des données de la théorie analytique de la Gravitation, les énergies développées, en vertu de l'action gravifique afférente aux molécules élémentaires, est empruntée au milieu éthérique ambiant.

L'accroissement d'énergie thermique imprimé à la molécule du gaz, par la résultante des actions que fait naître la pression de l'enveloppe, provient donc de son atmosphère éthérique, qui subit, sur le milieu général ambiant, une nouvelle dépression correspondante, avec perte d'énergie potentielle, d'une valeur égale à celle de l'énergie thermique initiale de la molécule, qui a pour expression analytique $E\, ca\, T$.

La perte d'énergie potentielle de l'atmosphère éthérique de la molécule, qui répond à sa nouvelle perte de tension, vient augmenter la valeur numérique de la charge, qui est négative. La force de répulsion électrique des molécules se trouve accrue en conséquence et devient capable de résister à la pression résultant de la vibration de la paroi interne de l'enveloppe.

En résumé, l'énergie thermique initiale des molécules leur est restituée, aux dépens de l'énergie potentielle ou latente du milieu éthérique. C'est ainsi que se trouve assuré l'état d'équilibre pendulaire du milieu gazeux avec la paroi interne de l'enveloppe en vibration, en même temps que l'accroissement de charge électrique des molécules leur permet de résister à la pression, qui résulte de la mise en vibration de cette paroi interne.

Dans l'étude de l'équilibre dynamique d'un milieu gazeux, on n'a tenu compte, dans les développements qui précèdent, que de l'énergie thermique des molécules en collision avec la paroi interne de l'enveloppe et de la pression exercée sur le milieu par la paroi en vibration, en vertu de l'énergie potentielle qui lui a été transmise par le choc. Mais la tension du gaz, qui résulte de la pression de l'enveloppe en vibration en vertu de l'énergie thermique du milieu, peut se trouver modifiée par une action de compression ou de dilatation, exercée sur l'enveloppe par une force étrangère.

L'enveloppe étant considérée comme parfaitement élastique, nous représenterons par π la quantité de travail dépensée par cette force, dans l'unité de temps et par mètre carré, à la surface de l'enveloppe; cette quantité sera en même temps l'expression de la valeur de l'énergie répondant à la compression ou à la dilatation du milieu. Cette quantité de travail sera positive ou négative, suivant qu'elle aura été employée à la compression ou à la dilatation du gaz.

La tension du milieu qui résultera de l'action de cette force nouvelle pourra être combattue, comme la tension résultant de la mise en jeu de l'élasticité de l'enveloppe, par l'énergie thermique du milieu, et dans les mêmes conditions, c'est-à-dire par une modification de la charge électrique des molécules du gaz. L'énergie potentielle positive ou négative, rendue libre par cette modification de la charge des molécules, fera équilibre, pendant la période de compression ou de dilatation du gaz, sous la forme d'énergie thermique ou d'énergie mécanique, à l'énergie développée à la surface de l'enveloppe et que l'on a représentée par π. On peut appliquer, à ce nouvel état d'équilibre dynamique du milieu gazeux, la même série de raisonnements que pour l'équilibre dynamique se rapportant au développement de l'énergie thermique des molécules.

Pour faire équilibre à la compression de la paroi, répondant à l'énergie thermique des molécules et dont la valeur, p, est donnée par la relation

$$p = \frac{1}{3} n \mathrm{E} ca \mathrm{T},$$

la charge de la molécule du gaz a dû être réduite d'une quantité égale à son énergie thermique

$$\mathrm{E} ca \mathrm{T}.$$

Pour faire équilibre à la modification apportée à la tension du milieu par le développement de l'énergie potentielle, représentée par π, la charge de la molécule devra subir une perte qui soit, avec celle répondant à l'état d'équilibre de l'énergie thermique, dans le même rapport que les pressions ou tensions π et p correspondantes. Or, pour la pression p, la diminution d'énergie potentielle ou de tension de la molécule était représentée par

$$\mathrm{E}\, ca\, \mathrm{T}\,;$$

pour la pression π, la modification apportée à l'énergie interne ou de tension de la molécule devra donc avoir pour valeur analytique

$$\mathrm{E}\, ca\, \mathrm{T}\left(\frac{\pi}{p}\right) = \mathrm{E}\, ca\, \frac{\mathrm{T}}{p}\,(\pi),$$

la valeur de π pouvant être positive ou négative.

Le nouvel état d'équilibre dynamique du milieu comporte ainsi, pour la molécule, une perte totale d'énergie potentielle ou de tension, donnée par l'expression

$$\mathrm{E}\, ca\, \frac{\mathrm{T}}{p}\,(p + \pi),$$

qui, en vertu de la relation

$$p = \frac{1}{3}\, n\, \mathrm{E}\, ca\, \mathrm{T},$$

ou bien encore

$$\mathrm{E}\, ca\, \mathrm{T} = \frac{3p}{n},$$

peut se mettre sous la forme

$$3\left(\frac{p+\pi}{n}\right) = \frac{3p}{n} + \frac{3\pi}{n}.$$

Cette perte d'énergie interne de la molécule, qui répond à l'état d'équilibre dynamique du milieu gazeux, est égale à la somme des pertes d'énergie qu'elle aurait à subir pour résister, séparément, à la pression de la paroi résultant de la température ou de l'énergie thermique du milieu, d'une part, et, d'autre part, à l'action de compression ou de dilatation du gaz, par une force extérieure, étrangère à la constitution du milieu.

Ces deux états d'équilibre moléculaire pourront donc être étudiés séparément. Le premier pourra conduire à des conclusions théoriques particulièrement intéressantes, toutes les données se trouvant intimement liées les unes aux autres et en relation directe avec la nature et la constitution intime du milieu considéré.

État d'équilibre général d'un milieu gazeux. — L'état d'équilibre général d'un milieu gazeux homogène résulte de deux états d'équilibre, non pas indépendants de leurs éléments essentiels, mais absolument distincts l'un de l'autre, au point de vue de la réciprocité d'action des forces mises en jeu. D'une part, l'*état d'équilibre statique des forces internes,* l'attraction gravifique et la force de répulsion électrique, qui émanent directement du centre des molécules, et dont l'intensité, variant avec la distance, est réglée par l'équation de condition

$$KG^2 \frac{1}{d^2} = q \left(\frac{P}{4\pi A}\right)^2 \frac{1}{d^2} \left(1 - \frac{3}{2} \frac{\rho}{d}\right),$$

qui peut, comme on l'a vu plus haut, se ramener aux termes suivants :

$$G^2 = \left(\frac{P}{4\pi A}\right)^2 \left(1 - \frac{2}{2} \frac{\rho}{d}\right).$$

D'autre part, l'*équilibre dynamique du milieu,* répondant aux tensions développées tant par l'énergie thermique des molécules que par les actions de compression ou de dilatation, exercées par des forces étrangères à la surface du milieu, par l'intermédiaire de l'enveloppe. Pour cet état d'équilibre dynamique, il y a lieu de considérer séparément :

1° L'équilibre pendulaire, qui résulte du mouvement d'ondulation générale du milieu gazeux, en harmonie de marche et d'intensité avec la vibration thermique de la paroi interne de l'enveloppe;

2° L'équilibre statique, qui s'établit entre la force de compression des molécules, par le fait de la paroi en vibration, et la force de répulsion électrique, qui naît de l'accroissement de charge négative des molécules, dont une partie de l'énergie potentielle ou de tension de l'atmosphère éthérique est transformée en énergie thermique, restituant aux molécules l'énergie thermique qu'elles possédaient originairement et qu'elles ont cédée à la paroi de l'enveloppe mise en vibration;

3° L'équilibre statique, en vertu duquel la force de compression ou de dilatation des molécules, résultant de l'action exercée, à la surface du milieu, par une force étrangère, se trouve équilibrée par un accroissement ou une diminution de la force d'attraction ou de répulsion électrique, qui naît d'une modification correspondante de la charge électrique ou de tension intérieure des molécules.

Force de compression accidentelle des molécules gazeuses. — Comme complément des développements qui précèdent sur l'état d'équilibre général d'un milieu gazeux, nous chercherons à déterminer la valeur de la force de compression qui tend à rapprocher les molécules, par suite d'une pression exercée sur le milieu par une action étrangère à son état d'équilibre primitif.

Cet accroissement de pression intérieure du milieu peut résulter d'un accroissement de température du gaz sous volume constant. Nous supposerons qu'il en a été ainsi, et nous chercherons à apprécier l'accroissement de la force qui tend à rapprocher les molécules du milieu gazeux.

Si la température du gaz en équilibre s'est relevée d'une quantité représentée par t°, sans changement de volume, l'énergie thermique de la molécule s'est accrue d'une quantité $\mathrm{E}\,cat$, en même temps que son énergie potentielle ou de tension s'est affaiblie d'une valeur égale.

Si l'on représente par d la distance des molécules du gaz, dans l'état d'équilibre primitif (l'attraction gravifique étant la seule force agissant dans le sens du rapprochement des molécules en présence), la charge électrique des molécules sera donnée par la relation

$$\frac{\mathrm{P}}{4\pi\mathrm{A}} = \frac{\mathrm{P}_1}{4\pi\mathrm{A}}\sqrt{\frac{2d}{2d-3\rho}}.$$

Alors que la température du gaz s'est accrue de t°, sans changement de volume, la charge électrique de l'atmosphère éthérique de la molécule s'est trouvée réduite d'une quantité représentée par

$$\frac{\mathrm{E}\,cat}{q},$$

et sa valeur devient la suivante :

$$\frac{\mathrm{P}_1}{4\pi\mathrm{A}}\sqrt{\frac{2d}{2d-3\rho}} - \frac{\mathrm{E}\,cat}{q}.$$

La force de répulsion électrique, dans ces conditions nouvelles, doit faire équilibre, à la fois, à la force gravifique égale à $KG^2 \frac{1}{d^2}$ ou $q\,G^2 \frac{1}{d^2}$, et à la pression résultant de la compression de la paroi de l'enveloppe, qui fait naître l'élévation de température du milieu. Nous représenterons par S cette pression nouvelle, qui s'ajoute à la force de la gravitation, dans l'état d'équilibre général du milieu. On devra donc avoir alors entre les forces mises en jeu la relation

$$q\,G^2 \frac{1}{d^2} + S = q\left(\frac{P_1}{4\pi A}\sqrt{\frac{2d}{2d-3\rho}} - \frac{E\,cat}{q}\right)^2 \frac{1}{d^2}\left(1 - \frac{3}{2}\frac{\rho}{d}\right),$$

qu'on peut écrire, en effectuant les opérations,

$$q\,G^2 \frac{1}{d^2} + S = q\left(\frac{P_1}{4\pi A}\sqrt{\frac{2d}{2d-3\rho}}\right)^2 \frac{1}{d^2}\left(1 - \frac{3}{2}\frac{\rho}{d}\right)$$
$$+ q\left[\left(\frac{E\,cat}{q}\right)^2 - 2q\,\frac{P_1}{4\pi A}\,\frac{E\,cat}{q}\sqrt{\frac{2d}{2d-3\rho}}\right]\frac{1}{d^2}\left(1 - \frac{3}{2}\frac{\rho}{d}\right).$$

Mais, en même temps, l'équilibre statique des molécules répondant à l'état d'équilibre primitif du milieu nous donnait la relation

$$q\,G^2 \frac{1}{d^2} = q\,\frac{P_1}{4\pi A}\sqrt{\frac{2d}{2d-3\rho}}\Bigg)^2 \frac{1}{d^2}\left(1 - \frac{3}{2}\frac{\rho}{d}\right).$$

Retranchant membre à membre cette dernière équation de la précédente, on obtient la valeur de S, savoir :

$$S = q\left[\left(\frac{E\,cat}{q}\right)^2 - 2\,\frac{P}{4\pi A}\sqrt{\frac{2d}{2d-3\rho}}\;E\,cat\right]\frac{1}{d^2}\left(1 - \frac{3}{2}\frac{\rho}{d}\right).$$

La pression S, qui, s'ajoutant à l'attraction gravifique, tend à rapprocher les unes des autres les molécules du milieu gazeux, dont la température, sous volume constant, a été relevée de t°, alors que la force tendant à rapprocher les molécules était réduite à la seule force d'attraction gravifique, est donc égale à la force de répulsion électrique qui résulterait, savoir :

1° De la réciprocité d'action de la surcharge électrique $\frac{E\,cat}{q}$ de chacune des molécules;

2° De la somme des actions exercées, pour chacune des molécules en présence, par la surcharge de l'une sur la charge de l'autre dans l'état d'équilibre primitif du milieu.

Loi du mélange des gaz et des vapeurs. — Les développements présentés sur l'état d'équilibre dynamique d'un milieu gazeux peuvent être appliqués au mélange de gaz, qui ne peuvent exercer d'action chimique les uns sur les autres.

Si l'on réunit sous une même enveloppe plusieurs gaz répondant à cette condition, l'expérience établit que chacun d'eux se répartit uniformément dans tout le volume, comme s'il était seul. Chacun des gaz a une période d'oscillation spéciale dépendant de sa nature et notamment de la puissance dépressive et du mode de groupement des molécules élémentaires entrant dans la constitution des molécules constituantes du milieu gazeux. La paroi interne de l'enveloppe se met séparément en état d'équilibre pendulaire avec chacun des gaz du mélange, dans les conditions précédemment définies, relativement à l'état d'équilibre dynamique d'un milieu gazeux. La force élastique du mélange est alors la somme des forces élastiques de l'ensemble des gaz réunis sous la même enveloppe, et, pour chacun d'eux, cette force est la même que s'il s'était développé isolément sous le volume total du mélange.

Cette déduction théorique n'est autre que celle à laquelle on a été amené par l'observation et qui a été formulée dans les théories en cours par *la loi des mélanges des gaz*. On sait de plus que cette loi se vérifie pour les vapeurs non saturantes, comme pour les vapeurs saturantes, en prenant, pour ces dernières, comme force élastique de la vapeur, la force élastique maxima, que chacune d'elles eût exercée dans le vide, à la même température.

Contraction et dilatation d'un milieu gazeux. — Les conditions d'équilibre statique d'un milieu gazeux dont les forces internes, émanant du centre des molécules, sont, d'une part, la force d'attraction gravifique et, d'autre part, la répulsion résultant de la charge électrique correspondante, varient avec l'écartement des molécules ou, en d'autres termes, avec l'état de dilatation du milieu, que comporte cet état d'équilibre. L'action gravifique, constante et permanente dans son principe, comme dans son mode de développement, est proportionnelle au produit des masses ou actions dépressives des molécules en présence et varie en raison inverse du carré des distances des centres d'action. La répulsion électrique, proportionnelle au produit des charges des molécules, varie également, dans son intensité, en sens inverse de l'écartement moléculaire, mais suivant une progression moins rapide que le carré des distances. Sa valeur analytique est donnée par l'expression générale

$$q\left(\frac{P}{4\pi A}\right)\left(\frac{P'}{4\pi A}\right)\frac{1}{d^2}\left(1-\frac{3}{2}\frac{P}{P'}\frac{\rho}{d}\right),$$

qui, pour un gaz homogène, devient

$$q\left(\frac{P}{4\pi A}\right)^2\frac{1}{d^2}\left(1-\frac{3}{2}\frac{\rho}{d}\right).$$

L'équation de condition d'équilibre statique des molécules pour un gaz homogène peut ainsi se ramener aux termes suivants :

$$G^2=\left(\frac{P}{4\pi A}\right)^2\left(1-\frac{3}{2}\frac{\rho}{d}\right),$$

équation établie déjà page 167.

Si le gaz vient à subir une dilatation ou une contraction, le premier membre de l'égalité ayant une valeur constante, l'équilibre du milieu ne se maintient qu'autant que, dans le second membre, la valeur du facteur $\left(\frac{P}{4\pi A}\right)^2$, qui représente le carré de la charge électrique des molécules, varie en raison inverse de la valeur du second terme entre parenthèses, $\left(1-\frac{3}{2}\frac{\rho}{d}\right)$. La valeur numérique de la charge varie donc en sens inverse du changement apporté à l'écartement moléculaire. Comme la charge est négative, cette modification répond à un gain ou à une perte d'énergie potentielle de l'atmosphère éthérique des molécules, suivant que le gaz subit une dilatation ou une contraction.

Nous analyserons les conditions dans lesquelles s'opèrent ces variations de charge ou d'énergie potentielle des molécules, à raison des modifications apportées à leur écartement, et nous déterminerons, en même temps, les changements ou transformations d'énergie, qui en sont la conséquence, dans l'état d'équilibre dynamique du milieu gazeux.

En cas de compression du gaz, la force de répulsion électrique des molécules, qui répond à la charge, croissant moins rapidement que l'attraction gravifique, une résultante, qui agit dans le sens de la gravité, se développe et tend à rapprocher l'une de l'autre les molécules en présence. L'énergie de translation ou d'oscillation des molécules s'accroît sous l'action impulsive de cette résultante; elle se manifeste par une élévation de température du milieu. Cette énergie thermique nouvelle, acquise par les molécules, sous l'impulsion d'une force, qui n'est autre qu'une mise en action nouvelle de l'action gravifique entre elles, est empruntée au milieu ambiant dans les conditions définies dans l'exposé de la théorie analytique de la Gravitation. Le milieu, qui enveloppe les molécules, n'est autre que celui de leurs champs électriques, tels qu'ils résultent de l'état de leur atmosphère électrique. Le développement de l'énergie thermique des molécules du gaz répond donc à une perte d'énergie potentielle de leur atmosphère éthérique. La valeur numérique de la charge, qui est négative, se trouve augmentée en proportion et donne lieu à un accroissement d'intensité de la force de répulsion électrique des molécules. Cette transformation en énergie thermique d'une partie de l'énergie potentielle de l'atmosphère éthérique des molécules, d'où résulte un relèvement de la valeur numérique de la charge, se continue aussi longtemps que, dans le nouvel état du gaz comprimé, l'action gravifique l'emporte sur la force de répulsion électrique. C'est ainsi que l'équilibre statique des molécules finit par se rétablir entre les forces internes, la gravité et les répulsions électriques, qui émanent du centre des molécules en présence.

L'accroissement d'énergie thermique des molécules vient s'ajouter à l'augmentation de leur nombre, sous l'unité de volume, par le fait de la compression du milieu, pour amener le gaz à la tension que comporte son nouvel état d'équilibre.

Si le gaz subit une dilatation, l'équilibre général se rétablit par une série d'opérations ou de transformations d'énergie de même nature, mais qui se produisent en sens inverse. Par le fait de l'accroissement de distance des molécules, c'est la force de répulsion électrique qui l'emporte sur l'attraction gravifique et donne une résultante, qui, agissant dans un sens opposé à l'action gravifique, fait baisser la vitesse de translation des molécules. Cette perte d'énergie de translation des molécules profite à l'éther ambiant, dont l'énergie potentielle se relève et donne lieu à un abaissement correspondant de la valeur numérique de la charge. La répulsion électrique diminuant progressivement d'intensité, finit par retomber au niveau de l'attraction gravifique, et un nouvel état d'équilibre statique des molécules se trouve ainsi réalisé. La perte d'énergie thermique du milieu ajoutant son action dépressive à celle résultant de la réduction du nombre des molécules contenues sous l'unité de volume, le gaz se retrouve, avec perte de pression, dans le nouvel état d'équilibre dynamique que comporte sa dilatation.

En définitive, c'est par une transformation des énergies latentes ou de tension du milieu en énergies actives de translation des molécules ou inversement, que se rétablit l'équilibre général d'un gaz, qui subit une compression ou une dilatation.

Lois de Mariotte et de Gay-Lussac. — Si l'on représente par $\frac{P}{4\pi A}$ et $\frac{P'}{4\pi A}$ les charges électriques des molécules, qui répondent à l'équilibre statique d'un milieu gazeux, avant et après une compression ou dilatation, le gain ou la perte d'énergie thermique ou de translation de la molécule, qui répond à la perte ou à l'accroissement d'énergie latente ou de tension de son atmosphère éthérique intérieure, est donné par la relation

$$Ecat = q\left(\frac{P'}{4\pi A} - \frac{P}{4\pi A}\right),$$

que l'on peut mettre sous la forme

$$\begin{aligned} Ecat &= q\,\frac{P_1}{4\pi A}\left(\sqrt{\frac{2d'}{2d'-3\rho}} - \sqrt{\frac{2d}{2d-3\rho}}\right) \\ &= q\,\frac{P_1}{4\pi A}\left(\sqrt{\frac{1}{1-\frac{3}{2}\frac{\rho}{d'}}} - \sqrt{\frac{1}{1-\frac{3}{2}\frac{\rho}{d}}}\right). \end{aligned}$$

Représentant par V et V' le volume du milieu gazeux, avant et après sa compression ou dilatation, et par n et n' le nombre correspondant des molécules sous l'unité de volume, l'augmentation ou diminution d'énergie thermique, résultant directement de la perte ou du gain d'énergie latente de l'ensemble des molécules, est donnée par l'égalité

$$\left.\begin{array}{c}\mathrm{V}n\mathrm{E}cat\\ \text{ou}\\ \mathrm{V}'n'\mathrm{E}cat\end{array}\right\} = \mathrm{V}n \text{ ou } \mathrm{V}'n' \times q\,\frac{\mathrm{P}_1}{4\pi\mathrm{A}}\left(\sqrt{\frac{1}{1-\frac{3}{2}\frac{\rho}{d'}}} - \sqrt{\frac{1}{1-\frac{3}{2}\frac{\rho}{d}}}\right).$$

Si l'écartement des molécules augmente progressivement, de telle sorte que les termes $\frac{3}{2}\frac{\rho}{d'}$ et $\frac{3}{2}\frac{\rho}{d}$ deviennent négligeables par rapport à l'unité, le dernier facteur, entre parenthèses, tend vers zéro. Le produit des facteurs précédents $\mathrm{V}n$ ou $\mathrm{V}n'q\,\frac{\mathrm{P}_1}{4\pi\mathrm{A}}$ représente l'énergie électrique, que le milieu tient des charges spéciales de ses molécules constituantes; cette valeur caractéristique du gaz considéré est constante et bien définie. Chacun des membres de l'égalité précédente doit donc tendre vers zéro, par le fait d'une dilatation du gaz de plus en plus grande. La valeur de l'accroissement ou diminution de température t du milieu, qui entre comme facteur dans le premier membre de l'égalité, avec des coefficients constants, diminue dans la même proportion que le facteur du second membre entre parenthèses, pour s'annuler en même temps que lui par le fait de l'accroissement des distances moléculaires.

On peut mettre l'égalité sous une autre forme qui permette de se rendre compte, d'une manière plus explicite, des conditions dans lesquelles se comporte la température du gaz, lorsque la dilatation atteint certaines limites. Remplaçant la différence des deux termes entre parenthèses, par la différence de leurs carrés divisés par leur somme, l'égalité devient

$$\mathrm{V}n\mathrm{E}cat = \mathrm{V}nq\,\frac{\mathrm{P}'_1}{4\pi\mathrm{A}}\left(\frac{\frac{2d'}{2d'-3\rho}-\frac{2d}{2d-3\rho}}{\sqrt{\frac{2d'}{2d'-3\rho}}+\sqrt{\frac{2d}{2d-3\rho}}}\right)$$

$$= \mathrm{V}nq\,\frac{\mathrm{P}_1}{4\pi\mathrm{A}}\left(\frac{1}{\sqrt{\frac{2d'}{2d'-3\rho}}+\sqrt{\frac{2d}{2d-3\rho}}}\right)\left[\frac{6\rho(d-d')}{(2d'-3\rho)(2d-3\rho)}\right].$$

La somme des termes du dénominateur, que l'on peut écrire sous la forme $\sqrt{\frac{1}{1-\frac{3}{2}\frac{\rho}{d'}}}+\sqrt{\frac{1}{1-\frac{3}{2}\frac{\rho}{d}}}$, varie entre le nombre 2, pour des valeurs de d et d' portées à l'infini, et le nombre 4, pour la valeur minima de l'écartement moléculaire d ou $d' = 2\rho$, qui suppose les molécules arrivées au contact. Si l'on représente par m la somme de ces termes, coefficient qui pourra varier de 2 à 4, suivant les valeurs que prendront les rapports $\frac{\rho}{d}$ et $\frac{\rho}{d'}$, la relation ci-dessus devient

$$\mathrm{V}n\mathrm{E}cat = \mathrm{V}nq\,\frac{\mathrm{P}_1}{4\pi\mathrm{A}}\,\frac{1}{m}\left[\frac{6\rho}{(2d'-3\rho)(2d-3\rho)}(d-d')\right].$$

L'écartement des molécules allant en croissant, les seconds termes 3ρ et $3\rho'$ des facteurs entre parenthèses, au dénominateur du second membre de l'égalité, qui sont déjà très petits en général, par rapport aux valeurs de d et d', finiront par devenir négligeables. Le coefficient m devient, en même temps, sensiblement égal à 2 et l'égalité peut s'écrire sous la forme

$$\mathrm{V}n\mathrm{E}cat = \mathrm{V}nq\,\frac{\mathrm{P}_1}{4\pi\mathrm{A}}\,\frac{3}{4}\left[\frac{\rho}{dd'}.(d-d')\right].$$

Lorsqu'un gaz est suffisamment dilaté, l'énergie thermique, développée ou transformée en énergie latente ou de tension par le fait d'une compression ou dilatation nouvelle, varie ainsi pour une même différence $d - d'$ entre les distances moléculaires, en raison directe du rapport du rayon ρ au produit dd' de leurs écartements, dans les deux états successifs du milieu.

La variation de température du gaz va ainsi en se réduisant dans une très rapide progression, avec l'écartement des molécules, au point de n'être plus appréciable à nos mesures ordinaires. Mais la température du milieu restant ainsi sensiblement la même, et l'énergie thermique des molécules gardant une valeur constante, la pression ou la tension du gaz, dans les états divers par lesquels le fait passer une compression ou dilatation, ne varie plus qu'en raison du nombre des molécules renfermées sous l'unité de volume, ou, par le fait, en raison inverse du volume qu'il occupe. *Le gaz est alors devenu assimilable à un gaz parfait, soumis, dans ses transformations diverses de volume et de pression, aux conditions fixées par la loi de Mariotte.*

Comme la tension d'un milieu gazeux est, en toutes circonstances, égale au tiers de l'énergie thermique de ses molécules sous l'unité de volume, si le milieu est arrivé à un état de raréfaction ou de dilatation telle qu'il suive la loi de Mariotte, sans absorption ou dégagement de chaleur par le fait d'une compression ou dilatation nouvelle, le produit du volume par la pression reste constant pour une même température et, au cas d'augmentation ou de diminution dans son énergie thermique, varie proportionnellement à son degré de température, comptée à partir du zéro absolu. En d'autres termes, le produit de la tension ou pression par le volume, pour un gaz assimilable à un gaz parfait, varie dans le même rapport que sa chaleur absolue T, et l'état d'équilibre général du milieu répond à la relation

$$PV = RT,$$

dans laquelle R est une constante caractéristique du gaz considéré.

Il suit de là qu'*un gaz arrivé à un état de dilatation telle que la loi de Mariotte lui devient applicable, se trouve en même temps soumis à la loi de Gay-Lussac et inversement.*

Énergie thermique de compression ou dilatation.— La compression ou la dilatation d'un milieu gazeux donne lieu à une perte ou à un gain d'énergie latente ou de tension de l'atmosphère éthérique des molécules, qui est transformée en énergie thermique, dont la valeur est donnée par la relation

$$Ecat = q\,\frac{P_1}{4\pi A}\left(\sqrt{\frac{2d'}{2d'-3\rho}} - \sqrt{\frac{2d}{2d-3\rho}}\right),$$

que l'on peut mettre sous la forme

$$Ecat = q\,\frac{P_1}{4\pi A}\left(\sqrt{\frac{1}{1-\frac{3}{4}\frac{2\rho}{d'}}} - \sqrt{\frac{1}{1-\frac{3}{4}\frac{2\rho}{d}}}\right).$$

Si la série des opérations de dilatation et de compression du milieu, auxquelles répondent les deux états extrêmes du gaz auxquels se rapporte l'égalité ci-dessus, ont commencé alors que les molécules se trouvaient au contact, ou, par le fait, au repos absolu ou sans énergie thermique de translation, la température t, dans le premier membre de l'égalité, n'est autre que la température absolue T, à laquelle le milieu se trouve amené définitivement. L'égalité précédente, dans laquelle on donne à la distance d la valeur 2ρ, prend la forme suivante

$$E c a t = q \frac{P_1}{4\pi A}\left(\sqrt{\frac{1}{1-\frac{3}{4}\frac{2\rho}{d'}}}-2\right),$$

ou bien encore, en faisant observer que le terme $\frac{P_1}{4\pi A}$ est négatif,

$$E c a t = -q \frac{P_1}{4\pi A}\left(2-\sqrt{\frac{1}{1-\frac{3}{4}\frac{2\rho}{d'}}}\right).$$

La température absolue T du milieu, répondant à l'écartement moléculaire d', dépend exclusivement de la nature de la substance ou plus explicitement de la valeur $\frac{P_1}{4\pi A}$.

Nous ferons subir à l'égalité, qui donne la valeur de la température t, résultant d'une compression ou dilatation du milieu gazeux, en fonction des distances moléculaires avant et après l'opération, une transformation de nature à permettre de formuler, dans des termes plus précis, les déductions à en tirer, relativement aux propriétés générales des milieux gazeux, suivant la nature de leurs molécules constituantes. Nous substituerons à la charge spéciale $\frac{P_1}{4\pi A}$ de la molécule, la température critique T_c de la substance, dont la valeur analytique sera donnée dans les développements relatifs à la constitution des liquides et au changament d'état des milieux liquides et gazeux.

La valeur de la température critique T_c, en fonction de la charge spéciale $\frac{P_1}{4\pi A}$ de la molécule, est donnée par l'équation suivante :

$$E c a T_c = -q \frac{P_1}{4\pi A},$$

qui établit que *l'énergie thermique de la molécule, à la température critique, est égale à l'énergie répondant à sa charge spéciale, prise en signe contraire.*

Divisant, membre à membre, la relation générale relative à la température de contraction ou dilatation t du milieu, par cette dernière égalité, on obtient, pour valeur du rapport de la température t à la température critique T_c, l'expression analytique

$$\frac{t}{T_c} = \sqrt{\frac{1}{1 - \frac{3}{4}\frac{2\rho}{d}}} - \sqrt{\frac{1}{1 - \frac{3}{4}\frac{2\rho}{d'}}}.$$

Le rapport de la variation de température t, résultant de la compression ou dilatation d'un milieu gazeux, à la température critique T_c, afférente à la substance du gaz, est ainsi égal à la différence des coefficients de la charge spéciale $\left(\frac{P_1}{4\pi A}\right)$ de la molécule, dans les deux états successifs du milieu. Ce rapport a donc la même valeur pour tous les gaz, si, dans les deux états successifs considérés, le rapport de l'écartement des molécules à leur diamètre $\left(\frac{d}{2\rho}\right)$, ou, en d'autres termes, si la compression ou dilatation relative des milieux est la même pour chacun des gaz.

Si, dans l'opération précédente, on avait substitué à la relation générale donnant la température t, l'égalité suivante relative à la température absolue de dilatation T du milieu qui est donnée plus haut,

$$\mathrm{E}ca\mathrm{T} = -q\frac{P_1}{4\pi A}\left(2 - \sqrt{\frac{1}{2 - \frac{3}{4}\frac{2\rho}{d}}}\right),$$

on aurait obtenu l'égalité

$$\frac{T}{T_c} = 2 - \sqrt{\frac{1}{1 - \frac{3}{4}\frac{2\rho}{d}}},$$

qui établit que *le rapport de la température absolue de dilatation, à la température critique, est le même pour toutes les substances gazeuses, lorsque le rapport de l'écartement des molécules à leur diamètre $\left(\frac{d}{2\rho}\right)$ est le même pour chacun des milieux, ou bien encore lorsque les dilatations relatives, rapportées au point de départ des molécules en contact direct, sont, de part et d'autre, de même importance.*

Nous présentons dans le Tableau suivant, en regard du rapport de l'écartement des molécules à leur diamètre, ou de leur dilatation linéaire relative, la valeur du rapport de la température absolue du milieu T à sa température limite, donnée par la relation analytique qui précède :

$\frac{d}{2\rho}$.	$\frac{T}{T_c}$.	$\frac{d}{2\rho}$.	$\frac{T}{T_c}$.
1	0	40	0,990491
2	0,735090	50	0,992440
5	0,905343	100	0,996228
10	0,960296	1000	0,998456
20	0,980724	10000	0,999850
30	0,987249	∞	1,000000

Le milieu gazeux se dilatant progressivement, sa température augmente d'abord très rapidement, à partir de son état primitif, où ses molécules sont en contact et sa température nulle d'une manière absolue. Pour une dilatation linéaire, portant au double l'écartement moléculaire, ou pour une dilatation cubique répondant à un accroissement de volume dans le rapport de 1 à 8, la température passe du zéro absolu aux $\frac{735}{1000}$ de la température critique de la substance. Pour une dilatation linéaire représentée par 5, ou une dilatation cubique égale à 125, la température dépasse les $\frac{9}{10}$ de la température critique. Si la dilatation linéaire passe de 10 à 20 fois le diamètre des molécules, le coefficient de la température du milieu, rapporté à la température critique, augmente à peine de $\frac{2}{100}$; enfin, pour un écartement passant de 50 à 100 fois le diamètre des molécules, le coefficient de la température s'accroît à peine de $\frac{4}{1000}$. On doit conclure de ces données, que, par la dilatation, un milieu gazeux devient assez rapidement assimilable à un gaz parfait, pour lequel un changement de volume, gardant une certaine importance, n'entraîne plus de modification appréciable dans la température.

La différentielle de la température absolue d'un milieu gazeux rapportée à son écartement moléculaire représenté par d, se déduit de la relation précédente et a pour expression

$$d\frac{T}{T_c} = \left[\sqrt{\frac{1}{(2d-3\rho)^2\left(1-\frac{3}{4}\frac{2\rho}{d}\right)}} - \sqrt{\frac{1}{2d(2d-3\rho)}}\right]dd.$$

ou bien encore

$$dT = T_c \left[\sqrt{\frac{1}{(2d-3\rho)^2\left(1-\frac{3}{4}\frac{2\rho}{d}\right)}} - \sqrt{\frac{1}{2d(2d-3\rho)}} \right] dd.$$

L'accroissement relatif de la température absolue du milieu $\left[\frac{d\left(\frac{T}{T_c}\right)}{dd}\right]$ diminue rapidement, quand l'écartement moléculaire augmente et devient nul pour une valeur de d portée à l'infini. Dès lors, si l'on prend pour abscisses de la courbe des températures relatives les distances moléculaires et pour ordonnées ces températures elles-mêmes, la tangente à la courbe est horizontale pour une valeur de d égale à l'infini, et pour une température absolue T égale à la température critique. Aux approches de cette dernière température, le rapport de la distance moléculaire à l'élévation de température doit croître, dans des proportions considérables et dont la valeur passe à l'infini, lorsque le milieu atteint la température critique. C'est ce que nous aurons lieu de constater de nouveau et d'une manière plus explicite, dans les développements relatifs à l'étude de la constitution des liquides et au changement d'état des milieux liquides et gazeux.

Les températures critiques ayant été déterminées par l'observation pour un certain nombre de substances, nous chercherons à préciser le degré d'importance que les valeurs de ces températures exercent sur les propriétés essentielles des milieux gazeux. Nous donnons, dans le Tableau ci-dessous, la valeur de la température t, en fonction du degré de dilatation linéaire du gaz $\left(\frac{d}{2\rho}\right)$ et de la température critique (T_c) de la substance, telle que nous la déduisons de la relation donnée précédemment

$$t = \left(\sqrt{\frac{1}{1-\frac{3}{4}\frac{2\rho}{d}}} - \sqrt{\frac{1}{1-\frac{3}{4}\frac{2\rho}{d'}}} \right) T_c.$$

Ces valeurs de la température t seront calculées pour des écartements moléculaires allant du simple au double ou pour des dilatations cubiques des milieux variant dans le rapport de 1 à 8 et pour des substances dont les températures critiques seraient égales à 50°, 100°, 300° et 600°.

$\frac{d}{2\rho}$ à $\frac{d'}{2\rho}$.	$\sqrt{\frac{1}{1-\frac{3}{4}\frac{2\rho}{d}}}-\sqrt{\frac{1}{1-\frac{3}{4}\frac{2\rho}{d'}}}$.	Valeurs de t répondant à			
		$T_c = 50°$.	$T_c = 100°$.	$T_c = 300°$.	$T_c = 600°$.
5 à 10	−0,04490	−2°,245	−4°,490	−13°,470	−26°,940
50 à 100	−0,00498	−0,249	−0,498	− 1,494	− 2,088
100 à 200	−0,00089	−0,095	−0,189	− 0,567	− 1,134
500 à 1000	−0,000475	−0,024	−0,048	− 0,143	− 0,286
1000 à 2000	−0,0000875	−0,0044	−0,0088	− 0,0264	− 0,0528
5000 à 10000	−0,0000375	−0,0019	−0,0038	− 0,0114	− 0,0228
10000 à 20000	−0,0000194	−0,00097	−0,00194	− 0,00582	− 0,01164
100000 à 200000	−0,0000036	−0,00018	−0,00036	− 0,00108	− 0,00226
200000 à ∞	−0,0000038	−0,00019	−0,00038	− 0,00114	− 0,00228

Nous avons vu, au paragraphe précédent, qu'un gaz devient assimilable à un gaz parfait, lorsqu'une compression ou dilatation ne fait plus varier sensiblement sa température. Si l'on se reporte au Tableau ci-dessus, on constatera que le degré de raréfaction que doit subir un gaz pour devenir assimilable à un gaz parfait est dans un rapport étroit avec la valeur de la température critique de la substance dont il est formé. C'est ainsi que, pour un gaz dont la température critique serait de 50°, et dont l'écartement des molécules atteindrait mille fois leur diamètre, l'abaissement de température résultant d'une dilatation linéaire du simple ou double, ou d'une dilatation cubique dans le rapport de un à huit, serait à peine de 24 millièmes de degré. L'hydrogène, dont la température critique est de 53°, arrivé à ce degré de raréfaction ou de dilatation, aurait donc atteint depuis longtemps déjà les propriétés d'un gaz parfait et serait soumis, comme tel, aux lois de Mariotte et de Gay-Lussac. Pour l'eau, dont la température critique est de 743°, l'écartement moléculaire devrait dépasser 10000 fois le diamètre de ses molécules, pour que sa vapeur devînt assimilable à l'hydrogène, avec une distance moléculaire 10 fois moindre ou une dilatation 1000 fois moins développée. L'acide carbonique, dont la température critique est de 304°, deviendrait assimilable à l'hydrogène avec un écartement relatif des molécules porté seulement au double, ou un accroissement de volume huit fois supérieur.

La seconde colonne du Tableau qui précède donne la valeur du rapport de l'abaissement de température du milieu à la température critique, pour les dilatations linéaires inscrites dans la première colonne. On voit combien, pour une même dilatation relative, la température décroît rapidement avec la raréfaction du milieu. C'est une confirmation nouvelle et dans des termes d'une appréciation plus nette, des développements donnés plus haut relativement à l'accroissement ou à l'abaissement de température résultant de la compression ou de la dilatation d'un milieu gazeux.

III. — ÉTAT LIQUIDE.

Constitution générale des liquides. — Les molécules liquides peuvent tourner librement les unes autour des autres, en gardant leur écartement respectif. Cette indépendance relative des molécules suppose, entre les forces internes émanant de leurs centres d'action, un état d'équilibre statique, dépendant uniquement de leur écartement.

Les molécules sont soumises à deux espèces de forces qui agissent suivant la ligne des centres et dans des directions opposées, la force de l'attraction gravifique d'une part, et, de l'autre, la force de répulsion des charges électriques. L'état d'équilibre statique sera réglé, pour les liquides comme pour les gaz, par une équation de condition exprimant une parfaite égalité d'action entre la force d'attraction gravifique et la force de répulsion électrique des molécules, à la distance où elles se trouvent les unes des autres dans le milieu.

Les conditions, dans lesquelles se développent, se transforment ou se conservent les énergies thermiques, sont, au contraire, absolument différentes, pour les milieux liquides et pour les milieux gazeux. Dans les liquides, les molécules, beaucoup plus rapprochées les unes des autres que dans les gaz, n'ont pas la liberté d'allure nécessaire pour développer autour d'elles, dans un mouvement de translation ou d'oscillation générale, les énergies thermiques dont elles sont animées. Chaque molécule liquide reporte son action thermique sur les molécules élémentaires, dont elle est formée, et relève leur énergie potentielle; il en résulte une modification des conditions d'équilibre dans lesquelles subsiste l'atmosphère éthérique de la molécule et, par suite, de sa charge électrique.

La charge de l'atmosphère éthérique de la molécule étant d'ailleurs négative, alors que l'énergie thermique de la molécule est nécessairement positive, l'accroissement d'énergie potentielle que ce milieu reçoit de la transformation et du transport à son profit de cette énergie thermique, se traduira par une réduction correspondante de la valeur numérique de la charge électrique de la molécule liquide.

Évaluation de la charge des molécules gravifiques. — L'énergie thermique d'une molécule répondant à une température absolue T, a pour valeur analytique

$$\mathrm{E}ca\mathrm{T}.$$

C'est cette énergie qui, dans les liquides, se porte sur le champ électrique, constituant l'atmosphère éthérique de la molécule gravifique. L'accroissement de la charge électrique de la molécule, résultant de la transformation de son énergie thermique en énergie de tension de son atmosphère éthérique, sera représentée analytiquement par l'expression

$$\frac{\mathrm{E}ca\mathrm{T}}{q}.$$

La charge des molécules, qui répond à la condition générale de l'équilibre statique, pour les liquides comme pour les gaz, lorsque les molécules sont au contact, avec une température absolue égale à zéro, est égale à

$$2\frac{\mathrm{P}_1}{4\pi\mathrm{A}},$$

soit le double de la charge spéciale que la molécule complexe tient de sa constitution. Si la température du milieu s'élève progressivement, la charge de la molécule augmente, en raison de l'accroissement de son énergie thermique. A la température absolue T, la valeur primitive de la charge $\left(2\frac{\mathrm{P}_1}{4\pi\mathrm{A}}\right)$ se trouvera donc accrue algébriquement d'une quantité représentée par $\frac{\mathrm{E}ca\mathrm{T}}{q}$, et aura pour expression analytique

$$2\frac{\mathrm{P}_1}{4\pi\mathrm{A}}+\frac{\mathrm{E}ca\mathrm{T}}{q}.$$

Lé premier terme $2\frac{\mathrm{P}_1}{4\pi\mathrm{A}}$ étant négatif, la valeur numérique de la charge de la molécule liquide va en décroissant, quand la température T s'élève, d'où résulte pour le milieu une dilatation de plus en plus grande et qui, si le liquide pouvait se dilater librement, n'aurait, comme nous le constaterons, d'autre limite que l'infini, lorsque la charge est descendue numériquement à la valeur limite $\frac{P_1}{4\pi A}$, qui répond également, pour les gaz, à un écartement des molécules porté à l'infini.

Si, dans l'équation générale de condition d'équilibre statique des molécules ([1]), on remplace le terme $\frac{P}{4\pi A}$, qui représente la charge, par sa valeur analytique, telle qu'elle vient d'être déterminée pour la molécule liquide, la relation prend la forme suivante,

$$KG^2\frac{1}{d^2} = qG^2\frac{1}{d^2} = q\left(\frac{P_1}{4\pi A}\right)^2\frac{1}{d^2} = q\left(2\frac{P_1}{4\pi A} + \frac{EcaT}{q}\right)^2\frac{1}{d^2}\left(1 - \frac{3}{2}\frac{\rho}{d}\right).$$

qui devient, par la suppression du facteur commun $\frac{1}{d^2}$,

$$qG^2 = q\left(\frac{P_1}{4\pi A}\right)^2 = q\left(2\frac{P_1}{4\pi A} + \frac{EcaT}{q}\right)^2\left(1 - \frac{3}{2}\frac{\rho}{d}\right).$$

De cette égalité, on déduit la valeur analytique de la distance d de la molécule liquide, en fonction de la température absolue T

$$d = \frac{3}{2}\rho\left[\frac{\left(\frac{EcaT}{q} + 2\frac{P_1}{4\pi A}\right)^2}{\left(\frac{EcaT}{q} + 2\frac{P_1}{4\pi A}\right)^2 - \left(\frac{P_1}{4\pi A}\right)^2}\right].$$

Cette équation peut se mettre sous la forme

$$d = \frac{3}{2}\rho\left[\frac{1}{1 - \frac{\left(\frac{P_1}{4\pi A}\right)^2}{\left(\frac{EcaT}{q} + 2\frac{P_1}{4\pi A}\right)^2}}\right].$$

L'écartement des molécules liquides va donc en augmentant, ou, en d'autres termes, la dilatation du milieu s'accroît, quand la valeur

---

([1]) *Voir* page 166.

numérique du terme $\left(\frac{EcaT}{q}+2\frac{P_1}{4\pi A}\right)$, qui représente la charge de la molécule, va en diminuant, par le fait de l'accroissement de la température absolue T.

Pour la température $T=0$, on retrouve pour la distance moléculaire

$$d=2\rho,$$

qui répond au contact des molécules du milieu, avec une charge égale à $2\frac{P_1}{4\pi A}$.

Si l'on reprend l'expression de la valeur de d, sous sa forme première, déduite directement de l'équation de condition, et si l'on suppose que la température T répond à l'égalité suivante :

$$\left(\frac{EcaT}{q}+2\frac{P_1}{4\pi A}\right)^2=\left(\frac{P_1}{4\pi A}\right)^2,$$

qui revient à la suivante :

$$\frac{EcaT}{q}+2\frac{P_1}{4\pi A}=\frac{P_1}{4\pi A},$$

le dénominateur de la fonction devient nul et la valeur de l'écartement moléculaire, représenté par d, passe à l'infini. La température T est arrivée à la limite extrême, que comporte le milieu à l'état liquide. La charge de la molécule liquide $\left(\frac{EcaT}{q}+2\frac{P_1}{4\pi A}\right)$ devient égale à $\frac{P_1}{4\pi A}$, qui est la charge spéciale que la molécule tient de sa constitution propre, et qui, pour l'équilibre statique des molécules liquides, aussi bien que pour les molécules gazeuses, comporte une distance moléculaire égale à l'infini. Nous verrons, dans l'étude du changement d'état des liquides et des gaz, comment se modifie la charge de la molécule, par suite du passage du milieu de l'état liquide à l'état gazeux, qui se prête à un développement indéfini de la température.

La température limite à laquelle le milieu cesse de pouvoir se maintenir à l'état liquide, alors que l'on élève progressivement sa température en vase clos, est désignée sous le nom de *température critique*.

L'égalité ci-dessus donne, pour la valeur de l'énergie thermique correspondante de la molécule, la relation

$$\mathrm{E}ca\,\mathrm{T}_c = q\frac{\mathrm{P}_1}{4\pi\mathrm{A}},$$

de laquelle il ressort *qu'à la température critique, l'énergie thermique de la molécule est égale à l'énergie répondant à la charge spéciale, qu'elle tient de ses molécules élémentaires, prise en signe contraire.*

Si l'on admet, suivant les termes de la loi de Dulong et Petit, confirmée par Regnault, que la capacité calorifique des molécules est constante, *la température critique donnée par la formule*

$$\mathrm{T}_c = \frac{-q\dfrac{\mathrm{P}}{4\pi\mathrm{A}}}{\mathrm{E}ae}$$

sera, pour toute substance, proportionnelle à la charge spéciale de ses molécules.

Dilatation des liquides. — Si l'on représente graphiquement la valeur analytique de l'écartement des molécules liquides, en prenant les températures pour abscisses et les distances moléculaires pour ordonnées, la tangente à la courbe donne, en chaque point, la valeur du coefficient de dilatation. *La loi de dilatation linéaire de la substance, à l'état liquide, se trouve exprimée, dès lors, par l'équation différentielle de la valeur analytique de la distance moléculaire, en fonction de la température.*

Si dans l'expression analytique de l'écartement des molécules liquides

$$d = \frac{3}{2}\rho\left[\frac{\left(\dfrac{\mathrm{E}ca\mathrm{T}}{q} + 2\dfrac{\mathrm{P}_1}{4\pi\mathrm{A}}\right)^2}{\left(\dfrac{\mathrm{E}ca\mathrm{T}}{q} + 2\dfrac{\mathrm{P}_1}{4\pi\mathrm{A}}\right)^2 - \left(\dfrac{\mathrm{P}_1}{4\pi\mathrm{A}}\right)^2}\right]$$

on remplace le terme $\frac{\mathrm{E}ca}{q}$ par sa valeur $-\frac{\frac{\mathrm{P}_1}{4\pi\mathrm{A}}}{\mathrm{T}_c}$, déduite de la relation $\mathrm{T}_c = -\frac{q\frac{\mathrm{P}_1}{4\pi\mathrm{A}}}{\mathrm{E}ac}$, et si l'on supprime ensuite, au numérateur et au dénominateur de la fonction, le facteur commun $\left(\frac{\mathrm{P}_1}{4\pi\mathrm{A}}\right)^2$, l'équation se présente sous la forme

$$d = \frac{3}{2}\rho\left[\frac{\left(2-\frac{T}{T_c}\right)^2}{\left(2-\frac{T}{T_c}\right)^2-1}\right].$$

La loi de dilatation du milieu est alors donnée par l'équation différentielle

$$\frac{dd}{dT} = \frac{3\rho}{T_c}\left[\frac{\left(2-\frac{T}{T_c}\right)}{\left[\left(2-\frac{T}{T_c}\right)^2-1\right]^2}\right].$$

A la température absolue $T = 0$, on a pour valeur de l'écartement moléculaire

$$d = 2\rho.$$

A son origine, la courbe passe à une faible hauteur au-dessus de la ligne des abscisses.

La tangente, au même point, a pour expression

$$\frac{dd}{dT} = \frac{2}{3}\frac{\rho}{T_c};$$

elle s'écarte très peu de l'horizontale, puisque à l'extrémité de la courbe, c'est-à-dire à une distance égale à la valeur de la température critique T_c, elle ne s'est élevée que d'une hauteur représentée par les deux tiers du rayon de la molécule.

A son point extrême, répondant à la température critique T_c, la courbe monte verticalement, son ordonnée passe à l'infini, en même temps que la valeur de la tangente devient elle-même infinie. *La courbe a ainsi pour asymptote l'ordonnée élevée au droit de la température critique.*

L'expression analytique de la distance moléculaire, en fonction de la température absolue du milieu, peut se mettre sous la forme suivante :

$$\frac{d}{2\rho} = \frac{3}{4}\left[\frac{\left(2-\frac{T}{T_c}\right)^2}{\left(2-\frac{T}{T_c}\right)^2-1}\right],$$

de laquelle il ressort que *pour les liquides, comme on l'a vu pré-*

cédemment pour les gaz, le rapport de la température absolue du milieu à sa température critique a la même valeur pour toutes les substances, alors que le rapport entre l'écartement des molécules et leur diamètre, ou, en d'autres termes, la dilatation linéaire des milieux a la même valeur.

Nous avons inscrit dans le Tableau ci-dessous, en regard du rapport des températures absolues aux températures critiques, les valeurs correspondantes du rapport de l'écartement des molécules à leur diamètre, ou, en d'autres termes, les valeurs des dilatations linéaires relatives des liquides :

Températures relatives $\frac{T}{T_c}$.	Distances relatives des molécules $\left(\frac{d}{2\rho}\right)$ ou dilatations linéaires.
0	1
$\frac{1}{2}$	1,35
$\frac{3}{4}$	2,1
$\frac{9}{10}$	4,45
$\frac{98}{100}$	19,3
$\frac{99}{100}$	71,76
1	∞

Les données de ce Tableau ont été représentées graphiquement (*fig.* 3), en prenant pour abscisses le rapport des températures à la température critique, et pour ordonnées les distances relatives des molécules ou, ce qui revient au même, les dilatations linéaires du milieu, rapportées à ses dimensions primitives, les molécules étant en contact. De son origine, répondant à une température absolue T égale à zéro, la courbe s'élève progressivement, mais avec une marche relativement lente, jusqu'à ce qu'on arrive aux approches de la température critique. Sur la première moitié de son développement total, la courbe ne s'est élevée que de $\frac{35}{100}$, soit à peine du tiers de sa hauteur primitive ou du diamètre de la molécule. Arrivée aux $\frac{9}{10}$ de sa longueur totale, la distance des molécules n'atteint pas encore 4 fois et demie leur écartement primitif. La montée commence toutefois à s'accuser plus fortement; elle est de 20 fois le diamètre de la molécule, alors que le parcours atteint $\frac{98}{100}$ de la longueur totale, et de 73 fois au droit du dernier centième. Elle s'élève alors à peu près

Fig. 3.

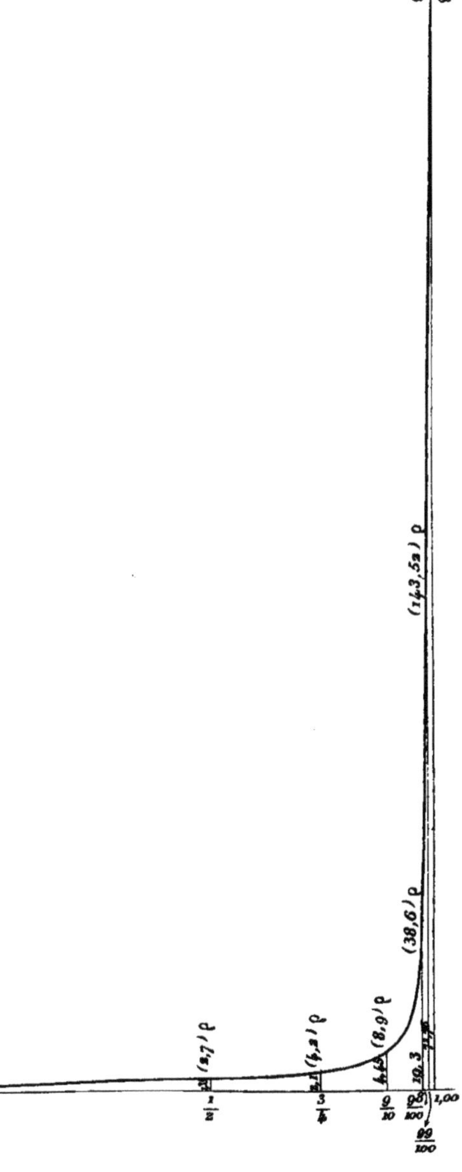

verticalement en s'approchant de l'ordonnée élevée au point correspondant à la température critique à laquelle elle est tangente à l'infini ou, en d'autres termes, qui lui est asymptote.

Ces déductions analytiques, relatives à l'écartement des molécules liquides, suivant les températures, sont en parfait accord avec les données de l'expérience, pour les températures inférieures au point d'ébullition, comme pour les liquides surchauffés. Les coefficients de dilatation des liquides vont, en effet, en augmentant progressivement avec les températures ; relativement faibles aux températures inférieures à l'ébullition, ils s'élèvent rapidement pour les liquides surchauffés. La dilatation des liquides en vases clos arrive assez rapidement à dépasser celle des gaz, et, si la surface du liquide était libre, elle passerait à l'infini à la température critique. Nous verrons, dans les développements relatifs au changement d'état des liquides et des gaz, que, maintenu en vase clos, le volume spécifique du liquide, à la température critique, est le même que pour sa vapeur, à tel point que toute surface de séparation s'efface entre les milieux. Mais c'est là une dernière observation sur laquelle nous n'insisterons pas, ayant à y revenir avec quelques détails au sujet du changement d'état des milieux liquides ou gazeux.

Densité des liquides. — De la valeur analytique de l'écartement moléculaire, en fonction de la température, on peut déduire l'expression de la densité d'un milieu liquide, et la loi de son développement sous l'action de la chaleur.

La densité d'un milieu est égale, en effet, à son poids atomique a multiplié par le nombre des molécules, sous l'unité de volume, qui, lui-même, a pour mesure l'inverse du cube de la distance moléculaire. La densité D d'un liquide à la température absolue T peut donc s'écrire

$$D = \frac{a}{d^3} = \frac{64}{27}\frac{a}{2\rho^3}\left[\frac{\left(2-\frac{T}{T_c}\right)^2-1}{\left(2-\frac{T}{T_c}\right)^2}\right]^3.$$

Nous pouvons faire observer tout d'abord que, *pour tous les liquides, la densité est proportionnelle au poids spécifique moléculaire* $\frac{a}{(2\rho)^3}$, *alors que les rapports des températures absolues à la température critique sont égaux de part et d'autre.*

La loi de variation des densités d'un liquide suivant la température $\left(\frac{dD}{dT}\right)$ sera donnée par l'équation différentielle

$$\frac{dD}{dT} = -\frac{2 \times 64}{9} \frac{a}{2\rho^3} \frac{1}{T_c} \left[\frac{\left[\left(2 - \frac{T}{T_c}\right)^2 - 1\right]^2}{\left(2 - \frac{T}{T_c}\right)^7} \right].$$

A la température absolue $T = 0$, les molécules étant au contact, la densité D, déduite de son expression analytique ci-dessus, est égale à $\frac{a}{(2\rho)^3}$, ou au poids atomique ou moléculaire, multiplié par le nombre des molécules sous l'unité de volume.

A la température limite T_c, la valeur de la densité, déduite de la formule analytique, est égale à zéro. Nous avons vu, en effet, dans l'étude des dilatations, que l'écartement moléculaire tend vers l'infini alors que la température du milieu s'approche de la température limite.

Le Tableau ci-dessous donne, en regard des rapports des températures absolues T du liquide à la température limite T_c, les rapports des densités correspondantes à la densité première du milieu, les molécules étant au contact et la température T égale à zéro.

Températures relatives $\frac{T}{T_c}$.	Densités relatives D $\left(\frac{1}{\frac{a}{2\rho^3}}\right)$.
0	1
$\frac{1}{8}$	0,862444
$\frac{1}{4}$	0,723923
$\frac{1}{2}$	0,409694
$\frac{3}{4}$	0,510592
$\frac{9}{10}$	0,012391
$\frac{98}{100}$	0,000139
$\frac{99}{100}$	0,000020
1 (T_c)	0

Prenant pour ordonnées (*fig.* 4) les densités relatives, et, pour abscisses, les rapports des températures absolues à la température critique, on a représenté graphiquement, d'après les données du Tableau, la courbe des densités d'un milieu liquide. On a pris une longueur égale, sur chacun des axes des coordonnées pour la densité $\left[\frac{a}{(2\rho)^3}\right]$, au point de départ, et, pour la température critique T_c, à l'extrémité de la courbe.

Fig. 4.

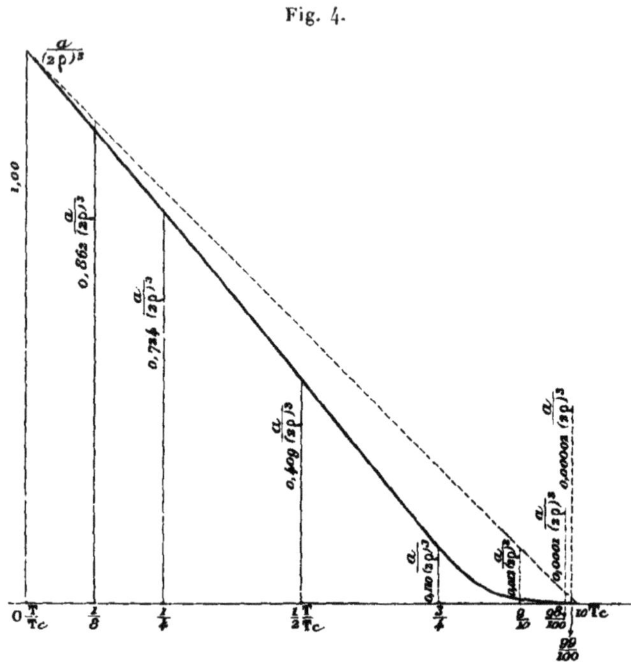

L'équation différentielle, déduite de la valeur analytique des densités, donne la valeur de la tangente en chacun des points de la courbe.

L'expression analytique de la tangente, pour des valeurs croissantes de T, est toujours négative; d'où il suit que la densité d'un liquide va toujours en diminuant quand la température augmente.

A l'origine de la courbe, la tangente a pour expression analytique $-\frac{a}{(2\rho)^3}\frac{1}{T_c}$.

Dans les conditions où la courbe a été tracée, l'ordonnée au point de départ de la courbe étant égale à la longueur de l'abscisse (T_c) qui répond à son autre extrémité, la tangente à l'origine de la courbe $\left[-\frac{a}{(2\rho)^3}\frac{1}{T_c}\right]$ est inclinée à 45° et va couper la ligne des abscisses au point correspondant à la température critique. Comme à la température limite, la densité est égale à zéro, cette tangente sera, en même temps, une corde allant d'une extrémité à l'autre de la courbe.

A la température limite, la tangente est elle-même égale à zéro, et la courbe des densités à son point extrême est tangente à la ligne des abscisses.

Sur la plus grande partie de son parcours, la courbe s'écarte peu de la tangente au point de départ, et son tracé, à double courbure, diffère peu de la ligne droite; la diminution de densité reste ainsi, dans cette étendue, sensiblement proportionnelle à la température. La courbure ne s'accuse d'une manière marquée que sur le dernier dixième du tracé qui vient se raccorder tangentiellement avec la ligne des abscisses au point correspondant à la température critique. La courbe, vers son extrémité, se rapproche tellement de la ligne des abscisses, qu'elle est comme aplatie sur sa tangente à la température critique. Nous aurons occasion de constater, dans les études relatives au passage des milieux de l'état liquide à l'état gazeux, et inversement, que toutes ces déductions de l'analyse sont confirmées par l'expérience de la manière la plus complète.

Limites d'application des formules analytiques. — La relation générale de condition d'équilibre statique des molécules des gaz et des liquides, d'où l'on a déduit les valeurs analytiques des distances moléculaires et les lois de dilatation des milieux, repose sur ce fait d'observation que les molécules des gaz et des liquides peuvent tourner librement les unes autour des autres en gardant leurs distances respectives. Les molécules ont, dès lors, été assimilées à des sphères dont le centre d'action se confond avec le centre de figure. Cette hypothèse est parfaitement admissible alors que l'écartement des molécules est suffisant pour que les formes spéciales qu'elles affectent ne puissent avoir d'influence sensible sur la réciprocité d'action qu'elles exercent les unes sur les autres. Mais l'expérience établit que, pour les liquides notamment, lorsque les distances moléculaires descendent au-dessous de certaines limites, l'état de fluidité du milieu diminue progressivement, pour arriver, par des transformations successives plus ou moins rapides, à l'état solide pour lequel les propriétés essentielles dépendent, dans une large mesure encore, de la forme et du mode de groupement des molécules. L'application des formules analytiques, relatives à l'état d'équilibre des liquides et des gaz précédemment établies, doit donc être soumise à certaines réserves. Les recherches qui précèdent devront être complétées par l'étude de la constitution moléculaire relative à l'état solide ainsi qu'aux transformations intermédiaires par lesquelles les milieux doivent passer pour y arriver. C'est ainsi qu'on pourra alors établir analytiquement les limites dans lesquelles restent applicables les formules spéciales déduites des équations de condition d'équilibre des liquides et des gaz dans les conditions admises précédemment. Mais ce complément d'étude, indispensable pour établir, par exemple, les valeurs numériques des coefficients de dilatation ou d'autres détails numériques d'application des formules, n'est pas nécessaire pour asseoir les conclusions que nous avons spécialement en vue, en restant dans les limites du programme posé pour les recherches antérieures, et qui était exclusivement relatif à la détermination de l'origine du principe universel des énergies développées dans l'ensemble des phénomènes du monde de la matière. Des développements qui précèdent, on est en droit de conclure, en effet, que la constitution moléculaire des liquides et des gaz, non plus que les phénomènes qui s'y rattachent directement, ne comportent la mise en jeu d'aucune autre force ou énergie active que celles qui président aux phénomènes généraux précédemment analysés et se rattachent à la gravité, à l'électricité, à la lumière ou à la chaleur, et qui, toutes, sous des modalités diverses, procèdent de l'énergie potentielle du milieu général de l'éther. Les formules analytiques basées sur ce principe donnent non seulement les conditions générales d'équilibre des milieux, mais elles permettent encore de définir, d'une manière explicite, les propriétés essentielles des liquides et des gaz, ainsi que les lois de leur développement, toujours en parfait accord avec les données de l'expérience.

Comme application immédiate des déductions analytiques de ces dernières études et, en même temps, comme confirmation nouvelle des données résultant des recherches antérieures, nous chercherons à analyser les phénomènes spéciaux qui se rattachent au passage de l'état gazeux à l'état liquide, et inversement.

IV. — CHANGEMENT D'ÉTAT DES MILIEUX LIQUIDES ET GAZEUX.

Énergies potentielles des molécules liquides et gazeuses. — La charge électrique des molécules qui, dans l'état d'équilibre statique des liquides et des gaz, répond à l'action gravifique, a pour expression analytique, en fonction de la distance moléculaire,

$$\frac{P_1}{4\pi A}\sqrt{\frac{2d}{2d-3\rho}}.$$

L'écartement des molécules étant plus grand pour les gaz que pour les liquides, la valeur numérique de la charge des molécules d'une substance à l'état gazeux devra être supérieure à celle correspondant à l'état liquide.

L'énergie thermique dont sont animées les molécules liquides se porte, comme on l'a précédemment établi, sur leur champ électrique. L'énergie potentielle ou de tension des molécules liquides, qui répond à leur écartement, comprend donc l'énergie thermique du milieu et la charge de la molécule liquide peut, comme on l'a précédemment établi page 191, se mettre sous la forme

$$\frac{\mathrm{E}cat}{q}+2\frac{P_1}{4\pi A}=\frac{P_1}{4\pi A}\sqrt{\frac{2d}{2d-3\rho}}.$$

Pour les gaz, l'énergie thermique ou de translation, dont les molécules sont animées, reste, au contraire, dans l'état d'équilibre général du milieu, parfaitement distincte de l'énergie électrique ou de tension qui fait équilibre à l'action gravifique des molécules en présence. L'énergie totale afférente aux molécules gazeuses, dans l'état d'équilibre du milieu, comprend, indépendamment de l'énergie potentielle de tension des molécules et de leurs champs électriques, l'énergie thermique sous la forme d'énergie de translation. L'énergie potentielle totale afférente à la molécule et à son champ électrique d'un milieu gazeux en équilibre, a pour valeur, en unités de charge, l'expression analytique suivante

$$\frac{\mathrm{E}c'a\mathrm{T}}{q}+2\frac{P_1}{4\pi A}\sqrt{\frac{2d'}{2d'-3\rho}},$$

dans laquelle c' est le coefficient de capacité calorifique du milieu, d' l'écartement moléculaire, et a le poids atomique de la substance dont le gaz est formé.

Chaleur de vaporisation. — L'accroissement d'énergie interne que la molécule liquide devra recevoir, sous forme d'énergie thermique, pour passer à la même température à l'état de vapeur, sera représenté, en unités de charge, par l'expression suivante

$$\left(\frac{\mathrm{E}c'a\mathrm{T}}{q}+2\frac{\mathrm{P}_1}{4\pi\mathrm{A}}\sqrt{\frac{2d'}{2d'-3\rho}}\right)-\left(\frac{\mathrm{E}ca\mathrm{T}}{q}+2\frac{\mathrm{P}_1}{4\pi\mathrm{A}}\right),$$

et, en unités mécaniques, par cette même valeur multipliée par q, équivalent mécanique de la charge, que l'on peut écrire sous la forme

$$-2q\frac{\mathrm{P}_1}{4\pi\mathrm{A}}\left(1-\sqrt{\frac{2d'}{2d'-3\rho}}\right)-\mathrm{ET}a(c-c').$$

Cette même quantité d'énergie thermique, rapportée à l'unité de masse du liquide ou divisée par le poids de la molécule représenté par a, constitue ce que l'on est convenu d'appeler *la chaleur de vaporisation du liquide*. Sa formule analytique sera donc la suivante

$$-\frac{1}{a}2q\frac{\mathrm{P}_1}{4\pi\mathrm{A}}\left(1-\sqrt{\frac{2d'}{2d'-3\rho}}\right)-\mathrm{ET}(c-c').$$

La densité d'une vapeur non saturante va en diminuant si, la température restant la même, sa pression ou tension va en décroissant, ou bien encore si, la pression restant la même, la température s'élève progressivement. Le rapport de la densité d'une vapeur à celle de l'air, sous la même pression et à la même température, tend donc, par des valeurs décroissantes, vers une valeur limite qui correspond à un point plus ou moins éloigné de saturation, et à partir duquel elle se comporte comme un gaz parfait soumis comme l'air aux lois de Mariotte et de Gay-Lussac. *C'est cette densité limite que l'on appelle spécialement la densité de la vapeur*. C'est une constante pour chaque substance, indépendante de la température et de la pression, et dont la valeur est, comme pour les gaz parfaits, proportionnelle au poids moléculaire de la substance.

La vapeur, arrivée à cette valeur limite de la densité, le terme

$\sqrt{\frac{2d'}{2d'-3\rho}}$, dans la formule ci-dessus, devient sensiblement égal à l'unité comme pour tous les gaz devenus assimilables à un gaz parfait.

Le premier terme de l'expression analytique de la chaleur de vaporisation du liquide se réduit ainsi à ses premiers facteurs

$$-2q\frac{P_1}{4\pi A}\frac{1}{a},$$

qui représentent une constante, caractéristique de la substance considérée, et d'une valeur toujours positive, le facteur $\frac{P_1}{4\pi A}$ *étant, par lui-même, négatif.*

Le second terme $ET(c-c')$, qui est précédé du signe moins, est proportionnel à la température absolue T multipliée par le facteur $(c-c')$. La vapeur étant supposée dans un état assimilable à un gaz parfait, sa chaleur spécifique c' est une constante spéciale à la nature du liquide. Quant à la chaleur spécifique moyenne du liquide représentée par c, du zéro absolu à la température T, sa valeur va sans doute en augmentant avec la température, mais, comme on l'a précédemment établi, l'accroissement est relativement très lent aux températures ordinaires. Ce n'est qu'aux abords immédiats de la température critique que l'accélération s'accuse sensiblement pour aller ensuite en augmentant avec une rapidité extrême, alors que le rapport de l'écartement moléculaire à l'accroissement de température tend vers l'infini.

En définitive, *la formule analytique de la chaleur de vaporisation d'un liquide comprend un premier terme, que l'on doit considérer comme constant, et un second terme précédé du signe* —, *dont la valeur est sensiblement proportionnelle à la température absolue* T *du milieu.*

Les recherches expérimentales de M. Bertrand sur la vaporisation, l'ont conduit à des résultats en parfait accord avec les déductions de l'analyse. *Suivant M. Bertrand, la chaleur de vaporisation d'un liquide est une fonction linéaire décroissante de la température, lorsqu'on peut négliger le volume spécifique du liquide devant celui de la vapeur, et que l'on peut appliquer à la vapeur la formule*

$$pv = RT,$$

avec un coefficient R, *différent des gaz parfaits et spécial à la nature du liquide considéré.*

Évaporation en vase clos. Chaleur spécifique des vapeurs saturantes. — Si l'on élève progressivement la température d'un liquide en vase clos, en présence de sa vapeur saturante, la densité de la vapeur et sa tension vont en augmentant avec la température. Par le fait de la compression ou accroissement de tension du milieu gazeux et de son augmentation de densité, une partie de l'énergie latente ou de tension des molécules est transformée en énergie thermique dans l'état d'équilibre statique correspondant. L'énergie active ainsi développée vient en déduction de la quantité de chaleur nécessaire, d'une part, pour relever la température, d'autre part, pour permettre la transformation d'une partie du liquide en vapeur, de manière à mettre la densité du milieu en rapport avec son nouveau degré de saturation. *Le coefficient de chaleur spécifique de la vapeur saturée, à la température de l'opération, est, dès lors, négatif ou positif, suivant que la chaleur de compression du milieu gazeux est supérieure ou inférieure à la chaleur nécessaire, tant pour relever sa température que pour en accroître la densité par la vaporisation d'une partie du liquide.*

Il résulte des expériences de Regnault que le coefficient spécifique de la vapeur saturante est négatif pour l'eau, le sulfure de carbone, l'acétone, alors qu'il est positif pour l'éther, et que, pour d'autres substances, telles que la benzine ou le chloroforme, il est négatif à basse température, pour devenir positif aux températures plus élevées, en passant par un point dit de *réversion,* où sa valeur est nulle.

Température critique des liquides. — La dilatation des liquides, à partir d'un certain degré de température, croît très rapidement; elle atteint, puis dépasse celle des gaz, pour devenir théoriquement infinie, ainsi qu'on l'a précédemment établi. Si l'on élève progressivement la température d'un liquide en vase clos, il arrive alors un moment où le volume spécifique du liquide et celui de sa vapeur saturante, dont la densité marche en sens inverse de celle du liquide, ont la même valeur. La surface de séparation entre les deux milieux disparaît; le tube se trouve rempli, dans toute son étendue, par un fluide parfaitement homogène. Les milieux ont alors atteint le degré de température que l'on est convenu d'appeler, pour la substance considérée, *sa température critique.*

Si la température continue à s'élever, le milieu se comporte comme un gaz, quelle que soit d'ailleurs la pression à laquelle il est soumis.

La théorie analytique de l'équilibre des liquides a permis de déterminer pour chaque substance, en fonction de la charge spéciale de ses molécules constituantes et de leur capacité calorifique, la valeur de la température, à laquelle le corps cesse de pouvoir se maintenir à l'état liquide. La valeur analytique de la distance moléculaire, déduite de l'équation générale d'équilibre des liquides, passe à l'infini, son dénominateur devenant égal à zéro, si la température absolue T du milieu répond à l'égalité

$$\frac{EcaT}{q} + 2\frac{P_1}{4\pi A} = \frac{P_1}{4\pi A} \text{ (1)},$$

de laquelle on déduit, pour la valeur de T, qui devient la température critique T_c de la substance considérée :

$$T_c = \frac{-q\frac{P_1}{4\pi A}}{Eca}.$$

Cette dernière relation peut se mettre sous la forme

$$\frac{EcaT_c}{q} = -\frac{P_1}{4\pi A}.$$

Le premier membre représente *la charge électrique correspondant à l'énergie thermique de la molécule, à la température critique* T_c, *qui est égale à l'énergie électrique spéciale de la molécule, prise en signe contraire.*

Transformation des milieux à la température critique. — Le premier membre de l'égalité ci-dessus

$$\frac{EcaT}{q} + 2\frac{P_1}{4\pi A} = \frac{P_1}{4\pi A}$$

(1) Égalité établie page 193.

n'est autre que l'expression analytique de la charge électrique de la molécule liquide à la température absolue T, qui, pour la température critique, devient aussi égale à $\frac{P_1}{4\pi A}$, valeur de la charge spéciale que la molécule tient directement de sa constitution. Cette même charge électrique comporte également, pour la molécule gazeuse, dans son état d'équilibre statique, un écartement infini, qui est l'équivalent d'un complet isolement de la molécule dans le milieu général de l'éther.

On a vu précédemment que, lorsque la température d'un liquide s'élève progressivement en présence de sa vapeur saturante, le volume spécifique du liquide et celui de sa vapeur tendent vers une même valeur limite, au fur et à mesure que l'on se rapproche de la température critique. L'écartement des molécules et, par suite, leur charge électrique, devient donc théoriquement la même pour la molécule liquide et la molécule gazeuse, quand les milieux atteignent la température critique. Cette charge électrique commune des molécules n'est autre, comme nous venons de le voir, que la charge spéciale, que tient la molécule de sa constitution propre et qui est telle que, si chacun des milieux était dans un état d'indépendance qui lui permît de se dilater librement, il devrait s'étendre sans limite dans le milieu général ambiant. Mais les milieux, liquide et gazeux, superposés en vase clos, exercent l'un sur l'autre, en vertu de leur élasticité propre, des pressions qui croissent très rapidement aux approches de la température critique. Ces pressions, qui ont leur principe dans le développement de la température du gaz, limitent les dilatations du milieu liquide et le font passer par une série d'états intermédiaires, dont les propriétés physiques (densité, dilatation, indice de réfraction) tendent, comme on l'a vu, à devenir identiques à celles du gaz, et aboutissent à un état de fluide transparent, pour lequel toute trace de séparation disparaît entre les milieux.

Si, comme on vient de l'admettre, c'est le milieu liquide qui passe progressivement à l'état de gaz ou de vapeur saturante, l'énergie thermique de la molécule liquide qui s'était portée sur son champ électrique, pour en constituer la charge, reparaît, sous forme d'énergie mécanique de translation ou d'oscillation des molécules à l'état de gaz ou de vapeur. La valeur numérique de la charge électrique ou de tension de la molécule se trouve accrue d'une quantité correspondant à l'énergie thermique répartie sur la molécule à l'état d'énergie de translation. Mais, en même temps, la paroi de l'enveloppe, dont l'énergie de vibration se trouve augmentée en raison même de l'accroissement du mouvement de translation du milieu gazeux, réagit sur la molécule dans les conditions données par la théorie analytique de l'équilibre dynamique des gaz, et en relève la charge comme valeur numérique, de manière à faire équilibre à l'accroissement de pression de l'enveloppe. La transformation des molécules liquides en molécules gazeuses se poursuit ainsi, jusqu'à ce que le milieu liquide ait disparu, pour faire place au fluide homogène transparent qui remplit alors le récipient dans toute son étendue.

Si la température continue à monter, l'équilibre dynamique du milieu gazeux se poursuit, avec augmentation de pression correspondante.

Si la température, au contraire, vient à baisser, la pression diminue et, par une marche inverse de celle précédemment décrite, l'énergie de translation d'un certain nombre de molécules gazeuses passant à l'état de tension intérieure, ces molécules retournent à l'état liquide. Le volume du liquide augmente progressivement avec la baisse de température, la vapeur saturante qui le surmonte diminuant en même temps de tension et de densité.

A la température critique, le liquide et sa vapeur saturante tendant vers une même limite de densité ou un même écartement des molécules, les charges électriques, répondant à l'équilibre statique des milieux, doivent être égales de part et d'autre et, dès lors, la chaleur latente de vaporisation doit tendre elle-même vers zéro à cette même température. Les études antérieures ont permis de reconnaître, en effet, que pour les liquides, comme pour les gaz, le rapport entre la température et la dilatation des milieux tend vers zéro à la température critique, de telle sorte qu'en prenant les dilatations ou les densités sur la ligne des abscisses, et les températures en ordonnées, la courbe des températures est tangente à la ligne des abscisses à la température critique. C'est ce que viennent également confirmer les expériences de Ramsay et de Young, de même que celles de MM. Cailletet et Mathias, complétées par celles d'Andrews et de M. Amagat, qui établissent que, en même temps que le liquide et sa vapeur saturante s'approchent du terme de l'égalité, la chaleur latente de vaporisation diminue avec une grande rapidité et tend à devenir nulle au point critique.

Les principes de thermodynamique, appliqués à la transformation des milieux liquides et gazeux, avaient permis déjà de constater que, au passage du point critique, la chaleur spécifique était la même pour le liquide et pour sa vapeur saturante.

Si l'on représente graphiquement les expériences de MM. Cailletet et Mathias et celles de M. Amagat, en portant en abscisses les températures et en ordonnées les densités absolues d'un corps sous les deux états liquide et vapeur, les deux courbes se raccordent à la température critique. L'ensemble constitue ainsi une courbe unique de forme parabolique, mais ayant son sommet beaucoup plus aplati qu'une véritable parabole, ce qui correspond à un rapprochement extrêmement rapide des deux densités, par rapport à la variation de température correspondante. Nous avons également, dans les développements qui précèdent, représenté graphiquement, dans les mêmes conditions, la loi analytique des densités d'un liquide, et la courbe nous a présenté exactement les mêmes caractères que le relevé graphique des données expérimentales.

Tous les gaz ont pu être liquéfiés et il résulte ainsi de l'expérience, comme de l'analyse, que, pour toute substance, il existe une température critique à laquelle le liquide et sa vapeur saturante se transforment en un fluide transparent homogène, toute trace de distinction entre les deux milieux ayant disparu. Au-dessus de cette température, propre à la substance considérée, la liquéfaction est impossible; au-dessous de cette même température, elle se produit, comme pour toutes les vapeurs, sous des pressions d'autant plus faibles que la température est plus basse. A la température critique, la charge électrique de la molécule gazeuse, comme de la molécule liquide, est égale à la charge spéciale que la molécule tient de sa constitution, que nous avons représentée par $\frac{P_1}{4\pi A}$.

L'équation analytique de l'écartement moléculaire des molécules liquides nous a donné, pour la valeur de la température critique, pour laquelle, cette distance devenant égale à l'infini, la substance ne peut plus se maintenir à l'état liquide, la relation

$$\frac{E\,ca\,T_c}{q} + 2\frac{P_1}{4\pi A} = \frac{P_1}{4\pi A},$$

de laquelle on déduit l'égalité

$$E\,ca\,T_c = -q\,\frac{P_1}{4\pi A},$$

qui exprime que l'énergie thermique ou de translation de la molécule liquide, à la température critique, est égale à l'énergie répondant à sa charge électrique spéciale, prise en signe contraire.

Cette dernière relation peut se mettre sous la forme suivante :

$$T_c = \frac{-q\dfrac{P_1}{4\pi A}}{E\,ca}.$$

La valeur de la température critique d'une substance est liée ainsi d'une manière intime à la valeur de la charge spéciale de ses molécules et à leur capacité calorifique, et, par le fait, à ses propriétés essentielles et fondamentales. La température critique constitue, pour une substance, une caractéristique importante dans l'analyse des phénomènes et une donnée parfois prépondérante, pour la détermination des conditions essentielles relatives à certaines propriétés communes à tous les fluides, à l'état liquide ou gazeux.

Théorème des états correspondants. — La valeur analytique de l'écartement des molécules d'un liquide, en fonction du rapport de sa température absolue à la température critique, est donnée par la relation

$$d = \frac{3}{2}\rho\left[\frac{\left(2-\dfrac{T}{T_c}\right)^2}{\left(2-\dfrac{T}{T_c}\right)^2-1}\right],$$

de laquelle on déduit, pour la valeur du rapport de la température absolue à la température critique, en fonction du rapport de l'écartement des molécules à leur diamètre, l'égalité suivante :

$$\frac{T}{T_c} = 2 - \sqrt{\frac{1}{1-\dfrac{3}{4}\dfrac{2\rho}{d}}}.$$

L'étude analytique de la température absolue développée par la dilatation d'un milieu gazeux, en fonction de sa dilatation linéaire ou du rapport de l'écartement de ses molécules à leur diamètre (2ρ), a conduit à la même expression pour valeur du rapport de la température absolue du milieu à la température critique

$$\frac{T}{T_c} = 2 - \sqrt{\frac{1}{1 - \frac{3}{4}\frac{2\rho}{d}}}.$$

Les fluides ont ainsi une propriété commune, que l'on peut définir dans les termes suivants, pour toutes les substances à l'état liquide ou gazeux :

Le rapport entre la température absolue d'un milieu liquide ou gazeux à sa température critique est le même pour tous les milieux, dont la dilatation absolue ou le rapport de l'écartement des molécules à leur diamètre a la même valeur numérique.

En d'autres termes, quelle que soit la nature particulière ou la substance d'un milieu liquide ou gazeux, à des dilatations absolues de même valeur répond un même système d'isothermes, inversement proportionnel à la température critique.

Si, enfin, on considère comme *états correspondants* de deux fluides, des états caractérisés par les mêmes valeurs relatives des températures absolues, par rapport à la *température critique*, d'une part, et des dilatations linéaires rapportées aux diamètres des molécules, d'autre part, tous les corps liquides et gazeux répondront à une même loi formulée comme ci-dessus et que l'on pourra désigner sous le titre de *théorème des états correspondants.*

L'application du principe de la *thermodynamique* à l'équation caractéristique de fluides *de Van der Waals pour la détermination de la température critique,* avait conduit également à la constatation d'une propriété commune à tous les fluides, dont les propriétés essentielles se trouvaient définies dans un théorème analogue et désigné également sous le titre de *théorème des états correspondants.* Il convient toutefois de constater que, dans les termes où il se trouve formulé par l'analyse, le théorème se présente avec des caractères plus explicites et plus nettement définis, en ce qui concerne les propriétés communes à tous les fluides, que par les relations déduites de la formule de Van der Waals.

Cohésion. — On a admis, dans les études qui précèdent, pour les liquides comme pour les gaz, que les molécules étaient suffisamment distantes les unes des autres, par rapport à leurs dimensions, pour pouvoir être assimilées à des sphères, dont les actions internes seraient considérées comme émanant de leur centre de figure. De fait, les molécules liquides et gazeuses peuvent tourner librement les unes autour des autres, comme le feraient des sphères en équilibre, sous l'action de forces égales et opposées émanant du centre de chacune d'elles. Toutes les questions relatives à la constitution moléculaire des liquides et des gaz et à leur état d'équilibre, dans les conditions diverses où nous avons eu à les considérer, ont pu être résolues sur ces données et recevoir des solutions toujours conformes aux lois déduites des expériences directes.

Mais, en dehors des propriétés directement afférentes à leur constitution et à leur état d'équilibre normal, l'expérience révèle entre les molécules une certaine résistance à la séparation, sous un effort de traction perpendiculaire à la surface de contact. Cette résistance qui, pour les corps solides, se manifeste encore d'une manière plus accusée, est attribuée, dans les théories en cours, à une force spéciale dite *de cohésion,* qui se développerait entre les molécules, dès que leur écartement s'abaisserait au-dessous d'une certaine limite, et dont l'intensité irait en croissant avec une très grande rapidité pour de nouvelles réductions de distance des centres d'action.

Cette hypothèse de forces d'une intensité exceptionnelle, se développant entre des molécules accidentellement très rapprochées les unes des autres, semble, sans doute, s'imposer, pour rendre compte des phénomènes de cohésion ou d'affinité si, en réalité, toutes les actions internes qui émanent des molécules ont leur centre d'action au centre de figure des molécules elles-mêmes. Mais il n'en sera plus ainsi, si l'on se reporte aux développements donnés précédemment, sur la constitution de la molécule gravifique ou élément chimique des corps pondérables.

Les molécules élémentaires qui entrent dans la constitution de la molécule gravifique sont en équilibre autour de leur centre de gravité commun, comme le serait un groupe d'étoiles fixes. Elles sont ainsi distribuées, pour ainsi dire, à la surface de la molécule gravifique, et à une distance du centre de figure pouvant devenir très appréciable. D'un autre côté, les molécules élémentaires sont infiniment petites et l'attraction gravifique, qui se développe de l'une à l'autre, variant en raison inverse du carré de la distance, son intensité n'a d'autre limite que l'infini, si l'on suppose que, dans des conditions spéciales, deux de ces molécules peuvent se trouver portées à des distances relativement très petites ou infiniment petites.

Cette circonstance ne peut se présenter, si les molécules liquides ou gazeuses sont dans leur état d'équilibre statique, tel qu'il a été précédemment défini. Mais il n'en est plus de même si, par une action extérieure, compression ou extension de certains éléments des milieux liquides ou gazeux, deux ou plusieurs molécules, quittant leur position d'équilibre normal, se trouvent suffisamment serrées et rapprochées les unes des autres, pour qu'un certain nombre de molécules élémentaires, distribuées à leur surface, se trouvent accidentellement, sinon au contact, du moins très rapprochées les unes des autres. L'attraction gravifique et les actions moléculaires, qui en dérivent, peuvent prendre dès lors, dans les conditions normales de leur développement ordinaire, des intensités relativement considérables, qui feront équilibre aux actions extérieures, mises en jeu pour la manifestation des phénomènes de cohésion, sans qu'il y ait lieu de recourir à l'intervention de forces nouvelles, comportant dans leur développement, comme dans leur mode d'action, des conditions spéciales et exceptionnelles.

FIN.

TABLE DES MATIÈRES.

LIVRE II.

RÉSUMÉ SOMMAIRE DES ÉTUDES DE M. MARX SUR L'ÉLECTRICITÉ.

LIVRE III.

LA CONSTITUTION MOLÉCULAIRE.

FIN DE LA TABLE DES MATIÈRES.

PARIS — IMPRIMERIE GAUTHIER-VILLARS,

35656 Quai des Grands-Augustins, 55.

35656 Paris. — Imprimerie GAUTHIER-VILLARS, quai des Grands-Augustins, 55.

www.ingramcontent.com/pod-product-compliance
Ingram Content Group UK Ltd.
Pitfield, Milton Keynes, MK11 3LW, UK
UKHW021044220726
13924UKWH00005B/2003